缝洞型储层预测与勘探

胡伟光　王　涛　范春华 等　编著

中国石化出版社

内容提要

本书以四川盆地缝洞型储层预测的勘探实例为基础，系统阐述了缝洞型储层预测的原理及详细的技术方法、应用实例。针对四川盆地内茅口组及雷口坡组缝洞型储层的预测，基于叠前或叠后地震资料使用相关的预测技术方法分别进行计算，得到缝洞型储层的预测成果并进行分析、研究；本书还总结了这些地球物理技术方法的应用情况及特点，提出缝洞型储层预测的一些关键要点；利用本书所提供的技术方法、参数可实施缝洞型储层的预测及研究，所得的成果可为勘探井井位布设提供相关的论证材料及依据。

本书可供全球各大石油公司从事碳酸盐岩及缝洞型储层的勘探、开发、研究的人员参考，也可供高等院校石油地质、地球物理、石油工程等相关专业的师生参考使用。

图书在版编目(CIP)数据

缝洞型储层预测与勘探 / 胡伟光，王涛，范春华等编著.
—北京：中国石化出版社，2016.6
ISBN 978-7-5114-4023-5

Ⅰ.①缝… Ⅱ.①胡… ②王… ③范… Ⅲ.①储集层-地质勘探 Ⅳ.①P618.130.2

中国版本图书馆CIP数据核字(2016)第113887号

中国石化出版社出版发行

地址：北京市东城区安定门外大街58号
邮编：100011 电话：(010)84271850
读者服务部电话：(010)84289974
http://www.sinopec-press.com
E-mail:press@sinopec.com
北京富泰印刷有限责任公司印刷
全国各地新华书店经销

*

700×1000毫米 16开本 9.5印张 162千字
2016年6月第1版 2016年6月第1次印刷
定价：38.00元

前言

目前，国内外已经发现不少缝洞型油气藏，但如何从测井、地震资料上识别缝洞型储层并描述缝洞的空间分布和定向、充填物等特征是石油工业界目前积极研发的技术方向。在我国油气勘探开发中，一些大型的油气田储层都是缝洞型储层。总的来说，与风化壳有关的碳酸盐岩缝洞型储层普遍发育，并在油气勘探中占有十分重要的地位。如塔里木盆地奥陶系、鄂尔多斯盆地奥陶系、四川盆地雷口坡组及茅口组经勘探证实，具有可观的地质储量，所以研究缝洞型储层相当有必要。

近些年来，中国石化勘探分公司在四川盆地缝洞型储层的油气勘探中取得了工业突破，获得一批高产工业气流井并荣获相关的油气勘探奖项。其中，在川东南的茅口组及川东北的雷口坡组均钻遇缝洞型储层，并有一些钻井经测试获得工业气流，取得了较好的经济效益。

为了更好地指导及研究缝洞型储层的预测，应业内同行要求，我们组织了针对元坝、川东南地区缝洞型储层的预测成果并进行分析研究，集成编著成书，探索、研究中国石化勘探分公司在这些地区缝洞型油气勘探中的成功经验，期待为中国的缝洞型储层预测、勘探实践提供一定的指导和借鉴作用。

本书共分为5章，第一章为介绍缝洞型储层的特点及相关的地球物理技术，有助于读者了解相关的缝洞型储层及其预测的技术特点。第二至第四章重点阐述缝洞型储层预测的原理及实践操作、应用实例，利用成熟的商业软件分别对有关地区的缝洞型储层预测及成果展示。第五章是对缝洞型储层预测的集成总结，结论可以给读者一些启示及思考。缝洞型储层预测是个世界性难题，中国石化勘探分公司在四川盆地缝洞型储层的预测及实践中，获得了一些宝贵的经验。本书尽可能收集元坝、川东南等地区的主要缝洞型储层的预测资料，并结合相关储层预测成果进行分析、总结。在对缝洞型储层预测过程中，我们取得的主要认识和成果简述如下：

(1)缝洞型储层中的裂缝预测可以使用叠前或叠后地震资料作为输入，并确定裂缝预测方法及最佳参数来完成裂缝预测；缝洞型储层中的溶洞预测可以利用相干技术来实施，并能取得相对较好的成果。

(2)各种裂缝预测技术具有各自的优、缺点，大多数情况下使用单一裂缝预测技术难以对整个研究区的裂缝进行全覆盖。其中，叠前地震资料可预测微观－中型规模的裂缝(如P波各向异性分析技术)，叠后地震资料则难以对该级别的裂缝进行预测，但对于大级别的宏观裂缝如断裂，则使用叠后的相干技术相对较好。

(3)针对裂缝方向的预测，以构造应力场分析技术所计算的裂缝方向与井上的实测裂缝方向误差较小，其他裂缝预测技术所得的预测结果则与实测结果误差相对较大。

(4)要预测缝洞型储层中的溶洞及裂缝所充填的不同流体，可利用AVO技术中的梯度及截距、交会分析技术实施不同流体预测；而使用叠后地震资料进行烃类检测(振幅谱梯度属性、吸收衰减技术)，相对AVO技术来说精确度相对差一些。

(5)波形分类及古地貌恢复技术可以划分出岩溶高地、岩溶斜坡及岩溶洼地等岩溶相，明确岩溶储层发育的有利区带，但岩溶中充填何种物质或流体不能准确确定，这需要其他物探技术相配合并进行相关的验证。

(6)针对提高地震资料的信噪比及分辨率可以对采集及处理进行技术攻关(如谱白化处理)，使其得到的地震数据更好地为缝洞预测服务。

(7)地震属性分析技术可以判断缝洞型储层的发育部位(如反射振幅类型)，谱反演技术可以较好地刻画岩溶的横向展布及岩溶边界。

(8)要采用溶洞、裂缝、烃类检测等综合分析及预测手段，实施对研究区的缝洞型储层预测，这样的预测结果相对更为准确、实用。

本书是中国石化参与四川盆地缝洞型储层勘探决策、评价研究和物探技术攻关的全体管理及技术人员集体智慧的结晶，从多年的缝洞型储层预测研究成果中进行总结，在这项集体劳动成果集结出版的时候，笔者对上述参加人员表示衷心的感谢！也感谢为本书编撰辛勤付出的绘图人员。

本书在中国石化勘探分公司各级领导关怀下，由胡伟光、王涛、范春华等人共同撰写完成。本书编写的具体分工是：第一章由胡伟光、王涛、何智勇执笔；第二章由胡伟光、王涛、赵卓男执笔；第三章由胡伟光、范春华、李苏光执笔；第四章及第五章由胡伟光、范春华执笔。全书由胡伟光统稿完成。

由于现阶段的油气勘探进程较快，对相关的缝洞型储层预测成果的分析、认识可能不足，并且本书成果集成总结的时间相对紧张，再加上作者水平有限，书中错误和分析不妥之处望读者不吝赐教。

目　录

1 概 论

1.1 缝洞型储层简介

随着我国经济的快速增长，对能源的需求量越来越大，国内的油气产能已不能满足国民经济发展的需要，所以对石油天然气的勘探及开发显得相对迫切。现在，从碳酸盐岩储集层中发现的油气储量已接近世界油气储量的一半，产量则已达总产量的60%以上。世界上许多高产油气藏都属于缝洞型碳酸盐岩储层，我国塔里木盆地的塔河油田奥陶系油气藏也属于缝洞型碳酸盐岩储层。

和常规碎屑岩储层(如砂岩储层)相比，缝洞型碳酸盐岩储层的一个显著特点是孔隙空间非常复杂，裂缝与溶蚀孔洞分布严重非均质，其测井解释评价及地震预测的难度较大。一些油田利用相关的测井解释研究成果，在勘探中使用地震数据进行缝洞型储层的空间分布及定向、充填物等预测及分析，得到缝洞型储层的分布情况并布设相关的勘探井位，这方面的勘探流程相对成熟及成功。

碳酸盐岩具有与其他岩石不一样的物理特性，表现为在地下水径流或雨水淋滤作用下发生的岩溶现象，也称为喀斯特现象。这是由于碳酸盐岩类岩石具有一定的孔隙和裂隙，它们是流动水下渗的主要渠道。岩石裂隙越大，岩石的透水性越强，岩溶作用越显著。在溶洞发育过程中，岩溶作用愈强烈，溶洞越大，地下管道越多，喀斯特地貌发育越完整，并且可以形成一个不断扩大的循环网。地表露头的研究资料表明溶洞的发育与裂缝带相关(图1-1)，溶洞附近的裂缝一般相对发育，裂缝发育往往是受到构造应力的作用而发生——源于灰岩相对坚硬，在外力的作用下易破裂。况且在地下水径流的作用下，破碎的灰岩易于溶解，从而形成溶洞，当然溶洞可以进一步形成溶洞群，大型溶洞附近可能发育小型溶洞，这从溶洞的地质特征上能发现和识别。其次，溶蚀会沿裂缝带发生。因此，碳酸盐岩中发育的缝洞往往具有一定的伴生关系。

图 1-1(a)　广西壮族自治区灵山县某地的石灰岩溶洞及其洞顶上的裂缝

图 1-1(b)　石灰岩溶洞洞壁上发育的微型溶洞(广西某地)

图 1-1(c)　石灰岩中的溶蚀作用沿裂缝带发生(广西某地)

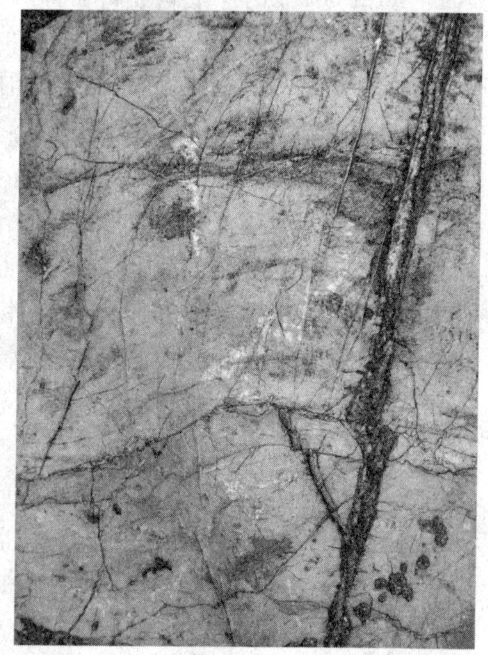

图 1-1(d)　石灰岩中的裂缝具有一定的切割关系(广西某地)

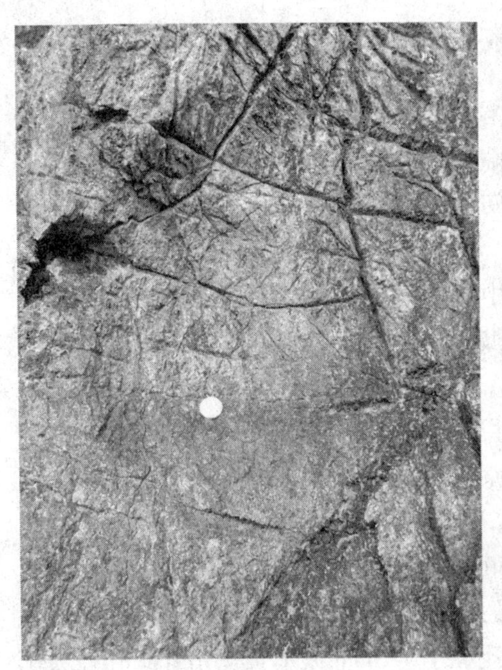

图1-1(e) 石灰岩中缝洞之间的伴生关系(广西某地)

图1-1(f) 石灰岩中发育的小型缝洞——裂缝附近溶洞(广西六峰山景区内)

在我国油气勘探开发中，与风化壳有关的碳酸盐岩古岩溶储层普遍发育，并占有十分重要的地位。如塔里木盆地奥陶系、鄂尔多斯盆地奥陶系、四川盆地雷口坡组及茅口组经勘探证实，具有可观的地质储量。四川盆地的油气勘探经过几十年的勘探，经历了一个十分艰难的过程，从“一占一沿(占高点、沿长轴)”到“一占三沿(占高点、沿长轴、沿扭曲、沿断层)”再到“三占三沿(占高点、沿长轴、占鞍部、沿扭曲、占鼻凸、沿断层”的布井原则(陈宗清，2007)，取得了可喜的成绩，随着油气勘探的发展及深入，构造有利布井部位所剩无几(曹刚等，1999)。相反，构造翼部和向斜区部位中有油气显示并且勘探程度较低，而且已在相关海相储层中获得突破(如普光气田)。据前人研究，四川盆地东吴期古岩溶是溶洞系统发育的主要原因，储层主要受裂缝的发育和岩溶作用的控制(陆正元等，1999；李昌全，2000；康沛泉，2000)寻找构造翼部和向斜部位的岩溶型气藏就越来越重要了。四川盆地实际勘探中发现一些钻遇茅口组或雷口坡组的钻井出现井漏及放空、井涌等情况，经测试大部分钻井获得工业气流，实现了油气增储上产。

1.1.1 缝洞型储层特征

碳酸盐岩储层的类型很多，岩性以粒屑灰岩、生物骨架灰岩和白云岩为主；并具有多种孔隙类型，如可分为原生孔隙及次生孔隙两大类，并将这两大类划分为6个小类，这6个小类分别为：①粒间孔隙；②粒内孔隙；③晶间孔隙；④角砾孔隙；⑤溶蚀孔隙；⑥裂缝。

缝洞型储层主要是指碳酸盐岩岩层中所发育的溶蚀孔隙及裂缝体系，这些具有一定容积空间的储层是油气良好的聚集场所。其中溶蚀孔隙根据成因和大小，包括以下4种：

(1)粒内溶孔或溶模孔。由于选择性溶解作用而部分被溶解掉所形成的孔隙称为粒内溶孔，整个颗粒被溶掉而保留原颗粒形态的孔隙称为溶模孔。

(2)粒间溶孔。主要由胶结物或杂基被溶解而形成。

(3)晶间溶孔。主要由碳酸盐晶体间的物质选择性溶解而形成。

(4)岩溶、溶孔或溶洞。由上述溶蚀进一步扩大或与不整合面淋滤溶解有关的岩溶带所形成的较大或大规模溶洞。孔径小于5mm或1cm为溶孔；孔径大于5mm或1cm为溶洞。

另外，裂缝的成因可分为两个大类：①构造裂缝：边缘平直，延伸远，成组出现，具有明显的方向性、穿层；②非构造裂缝：包括：a. 成岩裂缝。压实、失水收缩、重结晶而形成。这种裂缝不穿层，层面平行，裂缝面弯曲，形状不规则，延伸短。b. 风化裂缝。地表水淋滤和地下水渗滤溶蚀改造形成，其大小不均，形态奇特，边缘具明显的氧化晕圈。c. 压溶裂缝。由于压溶作用、选择性溶解而形成的头盖骨接缝似的缝合线。

在实际工作中，常把裂缝性碳酸盐岩储层的孔隙空间系统分为：①裂缝孔隙系统。油气渗流通道，是成为高产井的重要条件之一。②基块孔隙系统。它是油气的主要储集空间，也是获得稳产的关键。

缝洞型储层主要分布区域为不整合面及大断裂带附近，特别是古风化壳、古岩溶带。裂缝体系主要呈纵横交错构成的裂缝网。当储集空间的孔、洞、缝同时或出现两种类型时，有利于形成储量大、产量高的大型油气田，比如新疆的塔里木油田。因此，缝洞型储层的预测及勘探具有相当重要的意义，得到各个油田勘探者的重点关注。

缝洞型储层中的溶洞也是研究的重点。由于溶洞形成过程复杂、时间漫长，至今为止还没有一个如何对溶缝洞进行系统的划分和识别的分类方法。如塔河油田奥陶系储层中的溶缝洞更是经历后期多期次的构造作用、岩溶作用、成岩作用的叠加改造，故对其进行分类就更具复杂性，也在各种岩溶储层预测中具有相关的典型的研究意义。

溶缝洞系统原则上可建立5种溶洞综合识别模式，即落水洞、潜流洞、溶道、表层溶蚀带以及洞边缝。落水洞、潜流洞和溶道识别模式的测井曲线特征、地震反射特征和产能特征非常明显，容易综合识别；表层溶蚀带模式测井曲线特征和产能特征明显，而地震剖面特征不明显；洞边缝模式严格来说是由溶洞模式派生出来的，不能算是单独模式。现分别对其进行描述如下：

(1)落水洞及其识别特征。落水洞是在溶蚀通道的基础上遇到断裂发生纵向溶蚀作用，形成纵向上规模大、平面上基本不发育的溶洞(图1-2)。该类型洞顶裂缝带发育厚度大，洞底有较厚的垮塌堆积，洞中净放空规模大，一般有几十米深。其识别特征为：①落水洞钻井特征：钻井中出现大段放空漏失、井涌，泥浆失返现象，钻时由40～50min/m正常钻时逐步下降为0，再逐步变为低钻时，之后恢复到正常钻时，放空段长，伴有断续低钻时段、漏速快，总漏失量小，泥浆完全失返，后期伴有井涌现象。②测井曲线特征：总体上表现为顶部电阻率由高

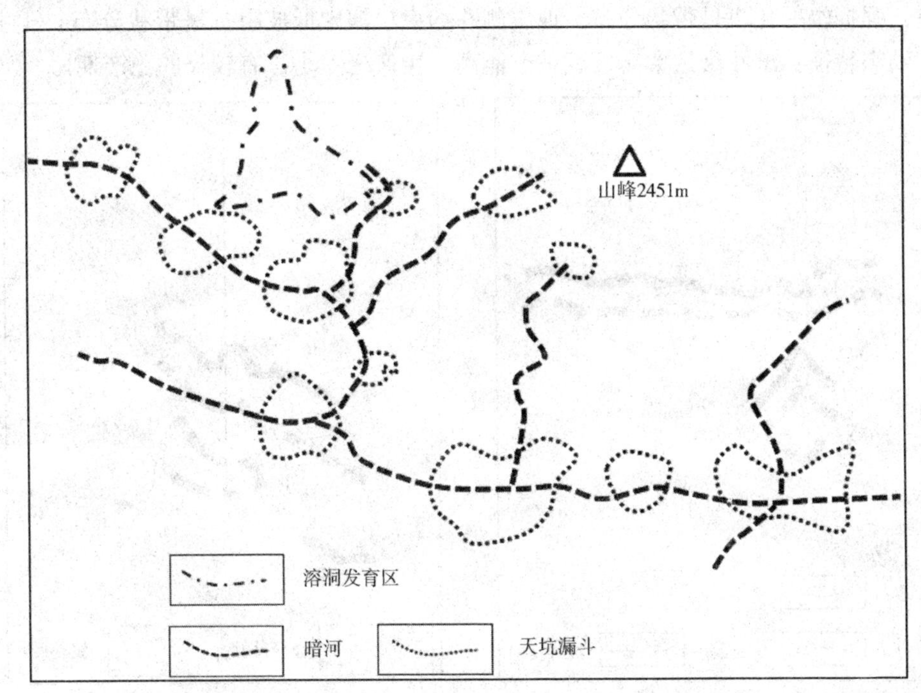

图1-2　某山区暗河、天坑漏斗及溶洞发育分布区示意图

到低的漏斗状、中部放空段、底部电阻率由低到高反漏斗状的三段式特征，与落水洞的顶部裂缝带(裂缝不发育—很发育)、中部放空段、底部垮塌堆积段(裂缝很发育—不发育)模式相对应。③地球物理特征：地震剖面为典型的串珠状强反射(图1-3)，与落水洞正演模型对应，振幅变化率为点状强振幅变化率区，地震测井约束反演结果低波阻抗区呈球状形态分布；生产动态特征：试井曲线为明显洞+不渗透(或低渗透)边界特征，生产动态表现出初期高产、很快停产、人工举升严重供液不足等。

(2)潜流洞及其识别特征。潜流洞是发育在古潜水面附近的水平延伸的溶洞，一般高度小，呈树枝状或河道状分布，多数溶洞由于上覆压力挤压造成上部地层下凹或垮塌。其识别特征为：①钻井特征：钻井中出现小段放空、漏失、泥浆失返现象，钻时由40～50min/m正常钻时突然下降为0，放空段短、漏速快，总漏失量大，泥浆失返严重，一般无井涌现象。②测井曲线特征：顶部电阻率由高到低的漏斗状、底部放空段的二段式特征，与潜流洞的顶部裂缝带、底部放空段模式对应。③地球物理特征：地震剖面中最典型特征是反射面下凹变形(图1-4)，内部为弱反射或杂乱强反射特征，与上覆地层挤压变形，溶洞对地震波的吸收特征对应，强振幅变化率呈带状分布，地震测井约束反演中低波阻抗呈带状分布。④生产动态特征：试井渗透率高，试采产能高，生产压差小，有较长的稳产期。

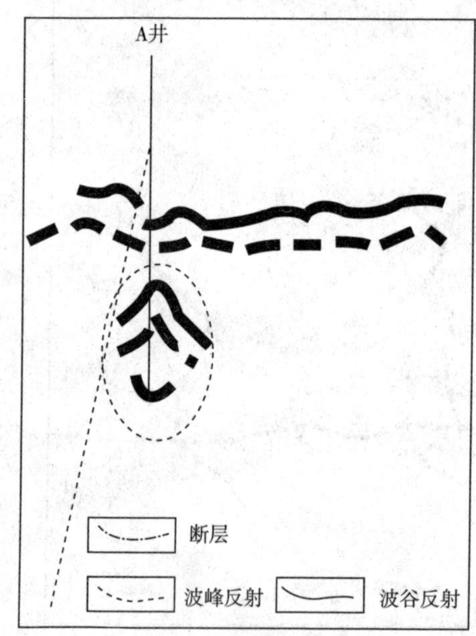

图1-3　落水洞地震反射模式示意图(虚线框内)

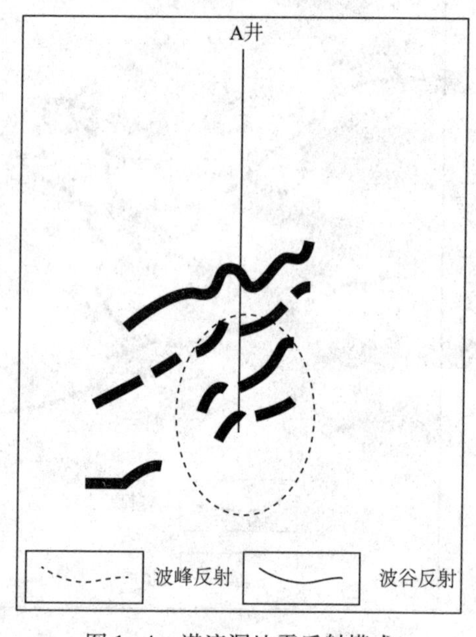

图1-4　潜流洞地震反射模式示意图(虚线框内)

(3)溶道及其识别特征。溶道发育于溶洞的上游区，实际上就是长轴状溶洞，其形状和组合关系也受岩溶作用可分为多种类型。其识别特征为：①钻井特征：钻井中出现小段放空漏失、低钻时等现象，钻时由正常钻时下降为0或低钻时，之后恢复到正常钻时，放空、漏失、低钻时段相对短，漏速较快，泥浆轻微失返—正常返出，一般无井涌现象。②测井曲线特征：呈现电阻率由高到低的漏斗状特征，与溶道模式中的顶部应力变形，底部溶蚀和水流冲刷特征对应。③地球物理特征：地震剖面中表现出弯月状强反射特征(图1-5)，与溶道的河道状特征对应，强振幅变化率呈带状或点状分布，地震测井约束反演中低波阻抗呈带状分布。④生产动态特征：试井表现出－缝洞相连、相互出现特征，生产中表现出产能中等，能长期稳定生产。

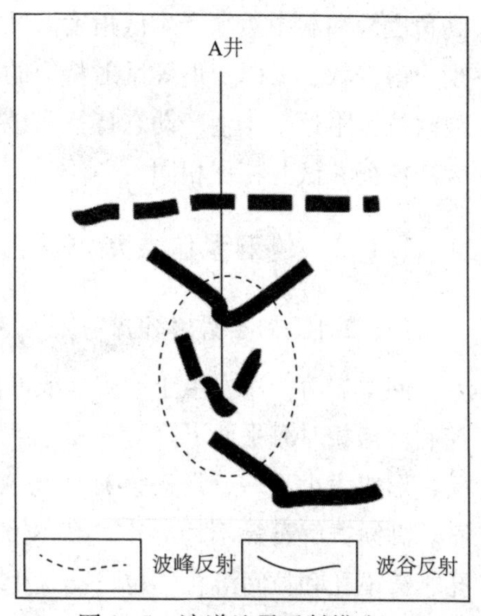

图1-5 溶道地震反射模式示意图(虚线框内)

(4)表层溶蚀带及其识别特征。表层溶蚀带为古岩溶地表水向溶道流动过程中发生溶蚀形成的岩溶带，岩溶作用弱，并常有就地垮塌堆积和泥质充填。其识别特征为：①钻井特征：钻井中无放空漏失现象，钻时一般为20~40min/m，比正常钻时略低，泥浆正常返出，一般无井涌现象。②测井曲线特征：电阻率表现出上低下高的反漏斗状特征，泥质含量较高，成像测井以低角度缝洞为主，与溶蚀缝洞从上到下逐步减弱、陆源沉积、缝洞角度低的特征对应。③地球物理特征：地震剖面为较弱的杂乱反射特征，与表层溶蚀带缝洞发育差的特征对应，振幅变化率不强，并呈片状分布，地震测井约束反演中低波阻抗呈片状分布。④生产动态特征：试井常表现中—低渗特征，产能一般较低，产量一般较稳定。

(5)洞边缝及其识别特征。洞边缝实际上是钻遇落水洞或潜流洞边上裂缝带的情况，严格来说不是单独一种模式，也可能其裂缝带并不发育或延伸不长。其识别特征为：①钻井特征：钻井中无放空漏失现象，钻时一般为20~40min/m，比正常钻时略低，泥浆正常返出，一般无井涌现象。②测井响应特征：电阻率表现出上部漏斗状、中部直线状、下部反漏斗状的梯形特征，成像测井显示上部以高角度缝洞为主，中下部以低角度缝洞为主特征，与洞顶边缘由于构造变形产生高角度缝和洞中边缘产生低角度溶蚀缝模式对应。③地球物理特征：地震剖面表现为串珠状、下凹变形等反射特征的边缘部位，位于强振幅变化率条带附近和低波阻抗区附近。④生产动态特征：该类型一般酸压建产，酸压沟通溶洞后与溶洞生产特征和试井特征相同。

1.1.2 缝洞型储层形成原因

1.1.2.1 同生岩溶作用

同生岩溶作用发生于同生（或准同生）期大气成岩环境中，受次级沉积旋回控制，与相对海平面下降导致的沉积物短暂暴露和富含 CO_2 的大气淡水淋溶有关，形成大小不一、形态多样的各种孔隙。大气淡水既可以选择性地溶蚀由文石、高镁方解石等不稳定矿物组成的颗粒或第一期方解石胶结物，形成粒内溶孔、铸模孔和粒间溶孔，也可能发生非选择性溶蚀作用，形成溶缝和溶洞。

1.1.2.2 表生岩溶作用

表生岩溶又称为风化壳岩溶，其发育与重大的海平面下降或构造运动造成的沉积区大面积暴露有关，常常是地层学中的主要不整合面。对于碳酸盐岩岩溶而言，表生岩溶和同生岩溶都是受大气淡水淋滤而发生的溶蚀，它们最大的区别在于同生岩溶发生的时间非常早，沉积物尚未完全固结成岩，碳酸盐组分的矿物成分尚未完全稳定化，而且经历的时间相对较短；而表生岩溶发生的时间比较晚，是对已经固结成岩、完成矿物稳定化转变后碳酸盐岩产生的岩溶作用，经历的时间可以很长(陈景山等，2007)。地质历史记录中的古风化壳岩溶主要是根据其广泛存在的侵蚀不整合、地下岩溶作用及其伴生的孔洞系统和内部充填物的特征等加以识别的(Jamed 和 Choquett，1988)。如元坝地区雷口坡组不整合面之下约90m 厚的地层内发育规模不等、形态各异的岩溶缝洞系统及其各异的内部充填物表明其经历了强烈的风化壳岩溶作用。

1.1.2.3 埋藏溶蚀作用

埋藏溶蚀作用主要是对前期存在的孔洞系统充填后残余的孔隙系统进行溶扩，埋藏期储层的发育分布具有继承同生期、表生期大气淡水溶蚀形成的孔洞缝系统的特征。构造拉张作用形成的断裂等有利于热液溶蚀作用的形成，从而有利于此类储层的发育，深埋藏过程中构造作用形成的裂缝、压溶作用产生的缝合线也是该类储层形成的有利因素。如元坝地区雷口坡组风化壳顶部的须家河组沉积物以及埋藏过程中胶结物对前期岩溶孔洞缝系统的充填必然制约埋藏岩溶储层的发育，造成缝洞型储层的充填物各异——流体或其他岩石。总的来说，埋藏岩溶储层区域分布上继承前期储层的分布并与构造断裂发育带的分布有关。

1.1.3 四川盆地缝洞型储层

四川盆地发育多套有利的油气储层，其中海相的茅口组和雷口坡组均发育缝洞型储层，并已取得相当的油气突破，在钻遇这种类型储层的一些钻井经测试获得工业气流。现对这两个储层段分别描述如下。

1)四川盆地茅口组

以FM地区的茅口组为例，进行相关的缝洞型储层描述。FM地区位于川东南探区东北部，构造上隶属于川东弧形高陡褶皱带，东临大池干构造带，西以南门场大天池构造带为界，主体处于万县复向斜的拔山寺向斜中，构造呈北东向延伸(施泽进等，2011；李毕松，2012)。部署在向斜区的fs1井在茅口组勘探获得重大发现，获得工业油气流。而在邻区的云锦向斜的yun1井(向斜核部)产气且无水；yun8井(向斜南端轴线附近)产气；yun6井(偏翼部)气水同产，日产气计$28.1\times10^4m^3$，日产水约$96m^3$。在川南的宝藏向斜南低点的dong15井获得日产气$5.07\times10^4m^3$(周光鼎等，1988)。这些钻井的钻探成功揭示向斜区茅口组存在独立发育的岩溶缝洞型气藏，具有较大的勘探潜力，拓展了四川盆地海相勘探领域，进一步夯实了“川气东送”的资源基础。

前人根据钻井、岩心、测井、测试和开发动态资料分析，茅口组缝洞系统的储集空间主要包括溶洞和裂缝两大部分，溶洞主要是在东吴期暴露形成的岩溶管道状洞穴系统，被不同程度充填，是缝洞系统的主要储集空间和渗流或流动通道，裂缝主要是喜马拉雅期形成的构造缝，具有较好的渗流通道，可以将原来不连通的洞穴沟通起来(李熹微，2011)。

FM地区fs1井钻探揭示，茅口组顶部储层主要为深灰色、灰色生屑灰岩夹灰色粉晶白云岩、灰岩；储集空间主要为溶蚀孔洞和裂缝；储层类型主要为岩溶缝洞型，基质孔隙度以Ⅲ类储层为主，茅口组13个样品中孔隙度最大的为2.34%，最小的为0.67%，平均值为1.63%，渗透率值为$0.004\times10^{-3}\sim157.9283\times10^{-3}\mu m^2$，渗透率几何平均值为$22.54\times10^{-3}\mu m^2$。

fs1井在4846.5～4865m井段酸压测试，获日产天然气$6.716\times10^4m^3$。测试含气层段测井解释为3类气层，茅口组顶部储层段与非储层段的声波时差、密度、自然伽马曲线无明显变化，测井曲线基本呈平直的线性特征；自然伽马曲线值较低为30～54API；声波时差约为50～54μs/ft，单纯的依据声波时差不能有效区分储层；密度曲线为2.65~2.7g/cm^3，储层与围岩之间的速度和密度差异小。深、浅测向电阻率曲线基本重合，在储层段电阻率表现为低电阻率特征，曲线值明显降低为50~4000Ω·m。而非储层段电阻率基本大于4000Ω·m(图1-6)。

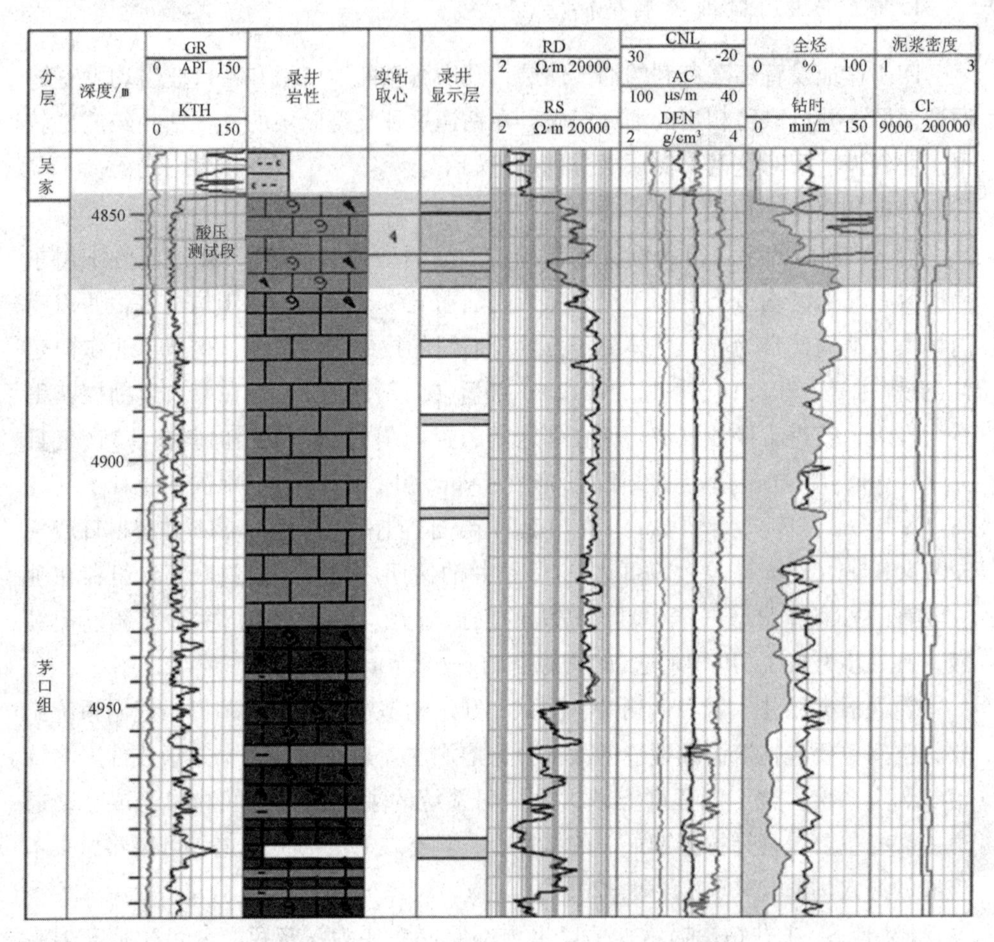

图1-6　fs1井茅口组综合柱状图

川东南綦江地区茅口组位于岩溶高地-斜坡带，接受大气淡水溶蚀，发育由垂直渗流作用形成的顶面岩溶缝洞储层和水平潜流作用形成的中上部岩溶储层。另外，綦江地区还发育构造岩溶复合型储层。由于綦江地区横跨川东高陡构造带与川南低缓褶皱带，断裂发育，岩心裂缝发育，沿裂缝扩溶作用明显，充填物主要以方解石为主，局部未充填及半充填。断裂附近由于断裂效应及末端效应形成裂缝发育区；局部构造高点、长轴、端部、翼部挠曲等部位，受力强，变形大，形成裂缝发育带。岩溶水沿裂缝发生溶蚀作用而形成缝洞系岩溶带。

通过对川东南地区钻遇茅口组探井进行对比研究，茅口组主要发育两种类型岩溶缝洞储层(图1-7)。

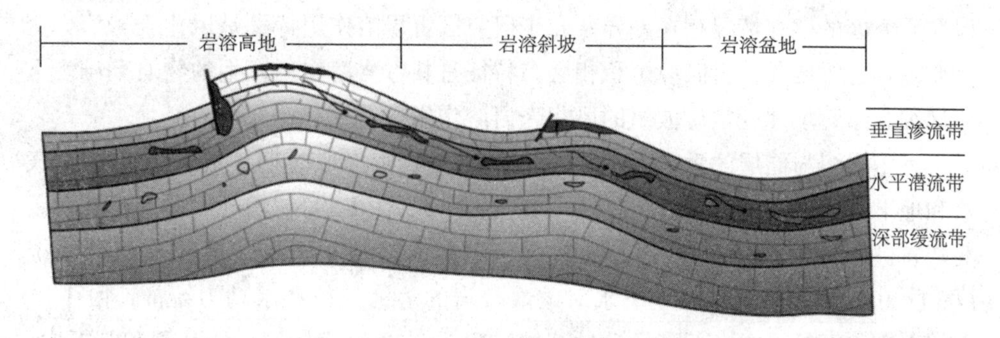

图1-7　川东南地区茅口组岩溶缝洞储层发育模式图

(1)风化壳岩溶型储层。东吴运动整体抬升风化剥蚀过程中发生的岩溶所形成，储层主要受垂直渗流和水平潜流作用控制，储集空间为高角度溶缝、溶蚀孔洞及径向发育的溶蚀孔洞。

(2)构造岩溶复合型储层。后期构造运动形成的褶皱和断裂与早期岩溶叠合改造形成，储集空间多为构造与岩溶共同作用产生的裂缝、扩溶缝及溶蚀孔洞。

茅口组沉积早期，以沉积灰岩、生屑灰岩致密碳酸盐岩为主，东吴运动期古岩溶作用形成原始储集体，后期受构造运动影响断裂及裂缝发育，并作为储集空间及渗流通道，酸性流体沿断裂、裂缝进一步溶蚀，早期形成的溶蚀孔洞得到进一步改造，与裂缝进一步连通，成为有效储集空间。

2)四川盆地雷口坡组

以元坝地区的雷口组为例进行了相关的缝洞型储层描述。元坝地区位于四川盆地东北部，属于上扬子地台。雷口坡组沉积时期，该地区主要发育上扬子克拉通稳定碳酸盐岩台地沉积体系，由于此时为印支运动的初始阶段，发生与构造运动相对应的全球性海平面下降(马永生等，2009)，研究区由开阔的陆表海环境逐渐演化为受限的陆表海环境，主要发育一套局限-蒸发台地相的白云岩、膏质白云岩和石膏为主的碳酸盐岩地层，按岩相、岩性自下而上可分为4个岩性段，雷一段为膏质白云岩和石膏岩组合，雷二段为石膏岩、膏质白云岩、膏质灰岩和灰岩组合，雷三段为灰岩和膏质灰岩组合，雷四段为灰岩、膏质白云岩、白云岩和石膏岩组合。中三叠世末期，在印支运动Ⅰ幕影响下，四川盆地整体抬升，海水由北至南推出四川盆地，使得雷口坡组遭受长达数万年的风化剥蚀，其中上部地层发生了范围广、强度较大的风化壳岩溶作用，普遍缺失雷五段(又称天井山组)，从而与上三叠统须家河组为不整合接触关系。雷四段自下而上可划分为3个亚段，分别为灰岩段、膏质白云岩段和白云岩段。由于剥蚀强度不同，3个亚段在研究区的残存情况存在差异。介于研究区古岩溶作用特别是风化壳岩溶作用主要发育在雷四段，雷四段沉积相展布特征是其古岩溶作用发生的物质基础。下面详细介绍元坝地区雷口坡组的风化壳岩溶作用。

表生岩溶与储层的垂向及横向分布风化壳岩溶形成时期，富含 CO_2 的大气水和地下水沿先期的微裂缝、构造裂缝(图1-8、图1-9)、溶孔、晶间溶孔对碳酸盐岩进行溶蚀作用，最终在碳酸盐岩中形成溶蚀扩大缝、溶孔和溶洞系统(图1-10)。根据大气水或地下水对碳酸盐岩的溶蚀特征和水动力特征，由1次大气水潜水面较大幅度下降导致的溶蚀过程为1个岩溶旋回(任美锷和刘振中，1989)，自上而下可划分为4个溶蚀带，分别为地表岩溶带、垂直渗流带、水平潜流带和深部岩溶带。由于侵蚀基准面多期次下降，可造成多次潜水位下降和对应的多期次岩溶旋回的叠加发育。

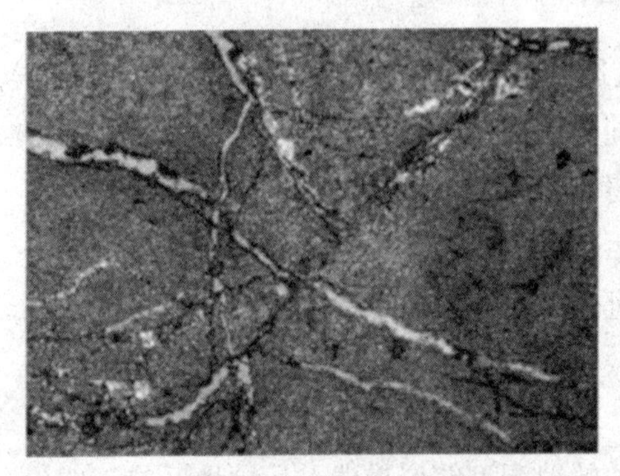

图1-8 yb12井雷口坡组岩心中发育的网状裂缝(4657.14m)

图1-9 yb12井雷口坡组岩心中发育的构造缝(4660.52m)

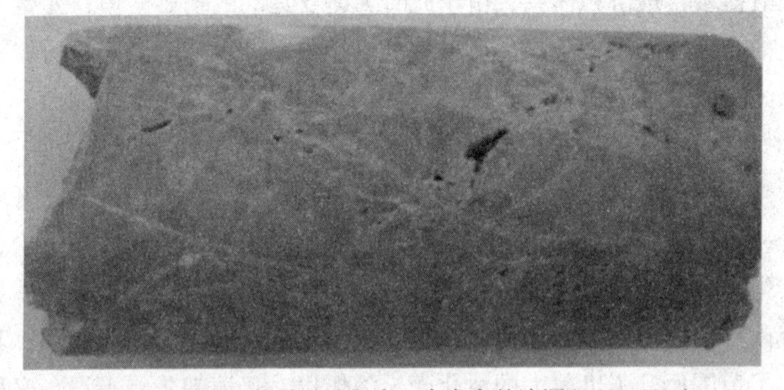

图1-10 yb12井雷口坡组岩心中发育的溶洞(4657.09m)

（1）地表岩溶带。地表岩溶是指侵蚀面附近的岩溶地表形态及其伴生的风化残积物、覆盖堆积物的综合特征。以地表水的径流为主，形成一些溶沟、溶蚀洼地及地表河流等，通常被后期沉积的泥、砂和砾岩充填。自然伽马测井曲线呈锯齿状，比致密灰岩高，但低于泥岩的响应，一般为30～60API；双侧向电阻率低，接近泥岩，无幅差或负幅差，密度、中子和声波时差曲线表现为指状，表明该岩溶带改造充填作用非均一性强。由于风化壳地势平坦、风化暴露时间短再加上该岩溶带与上覆须家河组有时很难区分，大部分钻井该岩溶带不发育。与该岩溶带有关的储层主要为碎屑支撑的角砾灰岩、角砾云岩的粒间孔、粒间溶孔等，孔渗性较好。

（2）垂直渗流带。位于地表岩溶带或不整合面以下至潜水面之上的地下水渗流带。以地表及地下水沿裂缝或断层向下渗流并伴随强烈的化学溶解和侵蚀作用，发育垂直或近于垂直的溶蚀缝或串珠状的小型溶孔、洞，多被垂向角砾、砂泥质等机械渗流物质，或方解石、白云石、硅质等化学物质充填或混合充填。自然伽马值较低，反映为较纯的灰岩，曲线呈微锯齿状，双侧向电阻率一般较低，且由低变高，幅差多为正差异，中子和声波时差中—高值，密度为中—低值。与该岩溶带有关的储层主要为半充填的高角度溶缝以及中小型溶蚀孔洞，但由于该带溶蚀强度不一，储集体表现出非常强烈的非均质性。

（3）水平潜流带。水平潜流带位于垂直渗流带与深部岩溶带之间的地下水潜流带，在潜水面附近的潜流地下水呈较强的水平运动，由于地下水中碳酸钙不饱和、CO_2含量高，溶蚀作用强烈，形成了规模较大的水平溶洞。该相带不仅溶蚀作用强，充填作用也很强，最突出的是河成角砾、河成砂、泥岩及洞穴崩塌堆积物，还有化学充填作用，在溶洞中充填大量方解石晶体(康玉柱，2005)。自然伽马测井曲线值明显升高，为中—高值，双侧向曲线为低值，低正幅差或无幅差，密度、中子以及声波时差都明显降低。与该岩溶带有关的储层主要为半充填的中小型溶蚀孔洞、溶缝、洞顶破裂缝、河成角砾粒间孔和粒间溶孔以及晶间溶孔。

（4）深部岩溶带。该相带处于静滞潜流带范围，岩溶水运动和交替极为缓慢，对原岩改造不明显，主要以溶孔和溶缝的零散发育为特征。自然伽马值一般较低，呈锯齿状，双侧向曲线表现为中高值，无幅差或有很低的正幅差，密度曲线表现为高值，声波时差及中子曲线表现为低值。须二段中部的一套黑色泥页岩，即所谓“腰带子”沉积在研究区分布稳定，且能代表等时沉积体，以其顶面作为基线，详细分析岩溶旋回的横向及纵向的展布特征后认为研究区以发育1～3期岩溶旋回为主要特征，岩溶期次的发育情况与风化壳厚度的保存完整程度密切相关，岩溶高地、岩溶斜坡中上部以及岩溶洼地以发育1～2期岩溶旋回为主，岩溶斜坡下部发育3期岩溶旋回。1～3套洞穴层近乎平行排列展布，洞穴层之间的距离变化不大，约20～30m，区域上走势受不整合面形态的控制而呈缓缓起伏变化。

目前，在川东北元坝地区雷口坡组四段的风化壳古岩溶储层中取得了一定的油气突破，已有yb2井、yb12井、yb4井等多口井钻获工业油气流，并已成功申报了油气储量。

1.2 相关地球物理技术简介

缝洞型储层由于包含了裂缝与孔洞两大类型的储集空间，并且这些空间被流体所充填时往往表现出与岩体不一样的物理特性，可以被相关的地球物理技术所探测。如大型溶洞可在地震剖面上出现“亮点”型或“羊肉串”状反射，由于溶洞中充填物(油、气、水及岩石)的物理性质，也可以被AVO、叠前弹性波阻抗反演、吸收衰减等技术所检测；裂缝及溶洞则可由多种相关的成熟的地球物理技术所探测，如相干、P波各向异性检测技术等。因此，现今的地球物理技术大规模用于缝洞型储层的预测，当然相关技术的精确度各有差异。

现阶段缝洞型储层预测大多数情况下主要使用基于叠前或叠后地震资料及其相关的地球物理技术，当然还有其他的技术手段，如地球化学勘探方法、构造物理模拟、地质分析法等。其中，地震勘探尤其是三维地震、井中地震(如3D－VSP技术)、四维地震技术及多波多分量等技术有助于准确认识复杂构造、储层非均质性和裂缝、岩溶发育带，三维地震资料解释技术能优化井位和井轨迹设计，以提高探井(或开发井)成功率。所以，利用地震勘探技术进行缝洞型储层预测在各大油田中应用相对广泛，并取得了相当多的成功例子。现分别对相关的地球物理技术进行描述。

1.2.1 古地貌分析技术

古地貌研究在20世纪50年代起步，我国是在70年代才开始在油气勘探中开展古地貌研究，开展的主要工作有古地貌恢复、古地貌单元的划分及古地貌对储层的控制作用。古地貌分析是含油气盆地分析的重要手段之一，是构造变形、差异压实、沉积充填及风化剥烛等作用综合的结果。其中，构造运动影响最大，一次构造运动可以致使盆地整体面貌发生变化。古地貌分析的关键是研究控制古水流体系、古物源方向、沉积体系类型及其展布的古隆起、古坡折带、古沟谷、古断层和古洼陷等影响沉积物搬运、堆积的古地貌单元(邓宏文等，2001；张建林等，2002；徐长贵等，2006；加东辉等，2007)。古地貌恢复的精度因沉积记录资料的不同而存在一定的差异。截至目前，虽然古地貌恢复方法很多，但大多数方法还是以定性或半定量为主，主要有残余厚度法、印模法、层序地层学法、沉积学法、地球物理方法等。

古地貌分析技术可以划分出岩溶高地、岩溶斜坡及岩溶洼地等岩溶相，明确岩溶储层预测的有利区带；古地貌分析技术是岩溶储层预测中必不可少的一项关键技术。实践操作中可以根据研究区的勘探概况，选取研究区标准层，应用印模法开展研究区的古地貌恢复，精确刻画出岩溶古地貌高、岩溶古地貌低及岩溶洼地。在岩溶古地貌高地，更加精细刻画出了局部岩溶古地貌高、岩溶古地貌低。

1.2.2 地震属性分析技术

1.2.2.1 地震属性的概念及发展

地震属性是对地震数据几何学、运动学、动力学或统计特征的具体测量。有关地震属性的研究及应用已有几十年的历史，从20世纪60年代的直接烃类检测、亮点技术到70~80年代在石油勘探中使用最多的基于振幅的瞬时属性，以及90年代地震属性技术在不少方面已取得巨大进展，尤其是经过近几年的迅速发展，地震属性已成为油藏地球物理的核心技术之一，在勘探地震与开发地震之间起到了桥梁的作用。

地震属性的诞生归功于20世纪60年代末期数字化记录技术及由此而发现的亮点技术，最初的地震属性包括振幅、相位、频率、极性。

多属性分析技术出现于80年代中期，目的是为了同时分析多种属性。多维属性(如倾角、方位、相干)则出现于80~90年代初，这一进展导致了90年代的三维连续性地震属性技术的发展。

1977年，地震地层学的诞生(AAPG memoir26)对地震属性技术具有十分重要的影响：①地震地层学能从根本上赋予地震属性以科学的涵义；②促使通过地震属性技术进行地震相的识别。70年代后期到80年代，地震地层学解释迅速发展并得到广泛应用。根据不整合面来划分地震相，分析地震反射特征，确定地震相类型并作岩相转换；这是地震地层学分析的基本方法。分析中使用三瞬剖面处理技术，一个复地震道，可以表示为实部和虚部，实部是地震道，虚部是地震道的希尔伯特变换。复地震道的模量称为瞬时振幅，复地震道的幅角称为瞬时相位，而瞬时频率则是复地震道幅角对时间的导数。这是 3 个基本瞬时属性，并由此可以导出其他许多相关的属性。这类地震属性在过去的 30 年间使用很广泛。瞬时振幅和瞬时频率用于岩性解释，瞬时相位用于检测地层的接触关系。

地震属性在应用过程中也存在一些问题，最典型的是不少地震属性的物理意义明确，但地质涵义却是模糊的。影响地震属性应用的因素是多方面的：例如多数属性与地质资料之间无法建立直接的关系；在属性的提取过程中，有用的信息与无用的信息混合在一起而难以区分，从而影响到属性作用的发挥。Barnes 认为对地震属性的定义应出于地质方面的意义，而不是从数学的角度。这也反映了研究地震属性的真正目的是要解决油气田勘探开发过程中所遇到的地质问题。

总之，地震属性技术已从单道瞬时同相轴属性发展到多道分时窗地震同相轴属性，并生成地震属性体提取属性的方法。除了传统的频谱、自相关函数、复数道分析及线性预测等方法外，分形、小波变换等方法也被用于地震属性的提取；其应用也从简单的检测振幅异常发展到流体前缘随时间变化的监测，从而丰富了地球物理技术在现代石油工业中的应用价值。如今地震属性技术在构造解释、储层表征、地震相分析、油藏流体、岩石物性、储量计算，甚至储层裂缝、油藏监测等方面均有广泛的应用，并且不乏成功实例。

1.2.2.2 地震属性的类型

随着对地震属性研究的不断深入，可供选择的属性种类也越来越多，这一结果也必然导致地质学家在选择合适的地震属性时产生疑惑。最根本的原因是，作为地球物理学家通常将地震属性、数据体或图件作为最终的研究成果，如何使用这些属性似乎就应该是地质学家的工作了。而使用这些属性信息的地质学家们往往又缺乏对属性与地下岩石物性异常之间关系的深入理解，以及对由地震处理造成的属性增加或破坏作用缺乏正确的评估。这种属性的提取与应用之间的脱节正成为目前限制地震属性在油气勘探开发工作中发挥更大作用的一个十分关键的因素。

Chen(1997)等详细论述了涉及同相轴属性和属性体中的瞬时地震属性的表述及适用对象。根据地震波动力学特性将地震属性分成 8 个大类：振幅、波形、频率、衰减、相位、相关、能量、比率。并依据不同的储层特征进行了地震属性归类：亮点与暗点、不整合圈闭断块、含油气异常、薄储层、地层不连续性、灰岩储层与碎屑岩储层之间的差异、构造不连续性、岩性尖灭等。这一研究对于面对不同的油藏地质条件和研究目的，合理地选择最有效的地震属性具有重要指导意义。

由于地震属性近年来呈激增的趋势，对属性的分类也有不同的观点。毫无疑问，过分复杂或细致的划分与众多的属性类别一样会让人难以适从，诸如能量可以归入振幅类，相关可以归入波形类等，这些属性从根本上可以归为4类：时间、振幅、频率、衰减，这也是地震数据的基础信息。

时间属性通常可以提供有关构造方面的信息，振幅属性能够提供与地层及储层有关的信息。频率属性相对比较复杂，目前理解不一，但它更可能与储层特征有关，如含油气性、储层厚度等。有关衰减方面的属性目前使用较少，它有可能在指示渗透率方面有所作用，另外也可以反映裂缝性储层的某些特征。

我们所使用的绝大多数地震属性是从常规的叠加和偏移二维数据体中提取的。事实上有些信息，如与方位有关的信息，会在处理的过程中受到削弱。因而有时亦应重视叠前数据的地震属性研究与应用，AVO 分析就是典型的例子。Rietveld 等(1999)通过比较叠前、叠后地震相干性和振幅的变化发现，三维叠前时间或深度偏移成像能够大大增强地震属性的保真度，使得地质现象(如断层、河道、古岩溶)边界的成像更为清晰。

1.2.3 地震反演技术

自从石油勘探行业诞生以来，地球物理学家就一直致力于求解反演问题。在地球物理勘探中，解释人员总是基于地面观测数据如地震记录或势场记录来推断地下特性。他们事先在头脑中形成一个粗糙的反映地面记录形成过程的模型，解释时通过这个粗糙的模型根据实际观测到的地面记录重构地下特性。按现代的说法，这种根据观测数据推断地下特性的工作就是求解所谓的“反演问题”。相反，“正演问题”就是在给定地下特征和特定的物理定律成立的前提下确定所能记录到的数据。直到20世纪60年代初，地球物理反演才真正在地球物理学家的头脑中扎下了根。从那时开始，人们就尝试开展定量的和通用的地球物理反演，所采取的方法是一方面求助于理论的扩展，另一方面借助于计算机的能力将这些理论付诸于实际应用。应该指出，理论和计算机算法无论如何不可能替代最终裁决人——地球物理解释人员来决定最终反演结果是否有意义。

按照上述很广义的反演问题定义，在处理中心应用的那些熟悉的算法都可以被看作地球物理数据的转换程序。例如，地震偏移就是试图根据地震记录重建实际的地下地层形态(Gardner，1985)。地层反射系数的反演可以通过预测反褶积衰减多次波反射来实现(Peacock 和 Treitel，1969)，或通过地层脉冲响应中的一次波和多次波的模拟来实现(Lines 和 Treitel，1984)。振幅随偏移距的变化

(AVO)(Castagna 和 Backus，1993)处理包括地面振幅测量结果的岩性反演等。反演能处理不同类型的地球物理数据。由此，人们能够将不同的地球物理数据集(如地震、势场和井中数据)与同一个地层模型同步地或顺序地进行拟合(如 Lines 等，1988)。其他反演的例子很多，不胜枚举。在每一种情况下，都是假定物理定律是成立的。例如，在地震反演中这个定律就是波动方程或是其某种近似。这样，基于物理定律的算法就使我们能够将观测到的数据转换成地下特征，这些特征都曾在其特定的位置上对观测结果产生过影响。

1.2.3.1 常规反演方法

大量地震数据的处理都是以一维水平层状介质模型为基础的，即基于局部地质情况可以用一叠水平均匀平行地层(各层具有特定的密度、速度和厚度)来近似表达的前提。这种简单的地质模型允许人们用 Dix 公式根据观测到的地震反射时间和已知的震源、接收器位置来估算层速度。换句话说，就是通过确定(根据观测到的旅行时)层速度用 Dix 公式求解地球物理反问题。Dix 方法一直被广泛应用至今的事实说明了简单一维地下模型的能力和通用性。

水平层状介质模型还形成了我们所熟悉的共中心点(CMP)叠加方法的基础，在 CMP 叠加中，对同一炮检中点的一些地震道进行正常时差校正求和，产生一个逼近一维层状介质垂直入射平面波响应的求和道。本着这种数据处理方法，形成了一种由介质反射系数(即地下垂直入射反射系数序列)与震源子波褶积给出的地震道模型，这在勘探地球物理界广为流行且获得了极大的成功。在这种情况下，一维反演方法的目标就是从 CMP 道中恢复反射系数的估计值，以及地层厚度和各个界面上的阻抗差。

层状介质垂直入射反射系数的估计几乎都是以 Goupillaud 模型(Goupillaud，1961)为基础的。这种模型包括一个所有地层都具有相等双程旅行时的分层体系。后来，Kunetz(1964)用 Goupillaud 模型提出了一种反演方法，根据层状介质脉冲合成地震记录产生了反射系数估计值，但是这种方法在实践中被证明是相当不稳定的。在当前的实践中，反射系数估计值是用更复杂的反演算法获得的。首先，人们对野外叠加地震道进行去混响处理，以衰减多次波的反射能量，然后进行信号反褶积，以获得垂直入射反射系数。在这个过程达到卓有成效的程度后，由 Lindseth(1972、1979)、Lavergne 和 Willm(1977)提出的阻抗估计技术接着流行起来，变成了常规地震道反演方法。Lindseth 将这个方法命名为“Seislog”(拟测井)，因为它能由观测到的 CMP 道产生连续的速度测井估计值。Oldenburg 等(1983)曾对“块状”或参数型拟测井做过介绍。实际上，对于许多应用地球物理学家来说，拟测井方法与地震反演是同义的。但事实并非如此，因为实际地震数据是有限带宽的和含有噪声的，而拟测井往往打破了这些限制。

1.2.3.2 新型反演方法

在过去几十年中，反演理论在全球地球物理界获得了广泛成功的应用。但勘探地球物理领域对这些新技术的接受和应用还是不如人愿。除地震偏移方法外，地球物理工作者还要讨论地震旅行时反演（通常称为地震旅行时层析成像）和地震全波形反演等新方法。在旅行时反演中，人们对一组观测（拾取）旅行时与由一合适的正演模拟算法获得的旅行时进行迭代拟合，直到两者之间的一致性达到满意的程度为止。用于这种旅行时计算的正演模拟算法主要是2D或3D射线追踪方法。目前这些算法有声波和弹性波两种形式，它们也能用来处理地震的各向异性问题。业已发现，旅行时层析成像在井间地震测量中能发挥重要的作用，如果在井间对某些给定的地层进行重复测量，就能动态监测两口或多口井间的透射速度层析图像，从而显示连井平面上的介质速度的详细变化。这些层析图像是所谓"时延"或4D储层监测的一个重要组成部分。旅行时反射层析成像还与地震偏移方法广泛地结合运用，以获得地震偏移速度的迭代估计结果。

全波形反演显而易见是旅行时反演的推广。这种反演不是将观测的拾取旅行时与计算旅行时相拟合，而是将全波形合成地震图像与全波形记录数据相拟合，无需进行旅行时反演情况下冗长的单个同相轴拾取。对于实际问题，全波形反演的运算量即使对现代计算机而言也显得过分庞大，这项激动人心的技术还得在勘探地球物理领域寻找日常的用途。Gouveia和Scales（1997、1998）的研究清楚地表明，运算方面的障碍一经克服，全波形反演将会达到令人满意的结果。然而，将给定模型响应与数据的噪声分量相拟合是具有多解性的，这是全波形反演所面临的困难之一。尽管这对所有的反演方案都是一个问题，但对全波形反演尤为严重。

至此，反演的含义就是用一个正演模型（选择来模拟生成记录的特定物理过程）对各个地球物理数据集进行转换。如此，重力模拟算法可能生成一个与一组实测重力读数相匹配的合成重力场，地震波传播模拟器同样可以生成一套与一组地震野外数据道相匹配的合成地震记录等。很显然，反演就是对地球物理数据集进行转换，以获得额外的地下信息。问题是对多种地球物理数据的转换是联合进行好还是顺序进行好。在前一种情况下，地震数据和重力数据被同步拟合到其相对应的数据集；在后一种情况下，将从初始地震反演计算得到的构造信息作为确定重力场的构造模拟的输入，依此类推。在联合反演情况下一个重大的不可解问题是要给予各个数据集以相对的权数，目前尚无实现这一目标的客观方法。因此，这种权数选择必然带有很大的主观随意性。Lines 等(1988)曾对这个问题进行过较为详细的讨论，并对两种方法进行了举例说明。

1.2.3.3 未来的反演方法

前面阐明了现在地球物理处理技术中大多数都可以看成是解普遍存在的反演问题的尝试。随着地球物理处理技术的不断发展，反演方法在理论和运算方面的问题将显得更为重要。在当今勘探工业界，迭代地球物理反演尚未得到广泛使用，其原因是计算资源很少能满足这一要求。就像3D叠前深度偏移今天终于成为经济可行的方法一样，上述新的反演算法走向繁荣的日子也为期不远了，它们将使地球物理学家不仅能够将观察结果转换成地下的构造形态，而且能够更详细地了解地下的物理、化学和地质特征。这些新技术获得广泛应用之日也就是地球物理反演理论在矿产和石油勘探中大放光彩之时。

从使用的地震资料来分，地震反演可分为叠前反演(基于旅行时的层析成像技术和基于振幅的AVO分析技术)和叠后反演(基于旅行时的构造反演和基于振幅的波阻抗反演)；从利用的地震信息来分，地震反演可分为旅行时反演和振幅反演；

从反演的地质结果来分，地震反演可分为构造反演、波阻抗反演和多参数岩性(地震属性)反演；从实现方法上来分，地震反演可分为递推反演、基于模型的反演和地震属性反演。

地震反演方法基本上分成两大类：一类是建立在较精确的波动理论基础上，即波动方程反演。这类方法主要在理论上进行探讨，尚未达到实用阶段；另一类是以地震褶积模型为基础的反演方法，目前流行的都属于这一类。具体地说，它又分成两类：一类是由反射系数推算的直接反演法，如拟测井、道积分等；另一类是以正演模型(褶积模型)为基础的间接(迭代)反演法，如无井资料的广义线性反演和有井资料的宽带约束反演、基于模型地震反演等。

1.2.4 裂缝预测技术

运用地震波在裂缝介质中传播理论，分析目的层系的地震波运动学、动力学响应特征的变化，可以预测储层裂缝发育带的空间方位及分布密度，这已成为裂缝型储层横向预测的一项重要内容。根据地震波传播特性的不同，地震储层裂缝发育带预测有纵波方法(如叠后地震资料预测、叠前地震资料预测)、横波方法(如地震转换波预测、地震多波多分量资料预测)之分。

用地震方法进行裂缝检测的方法研究，先后经历了横波勘探、多波多分量勘探和纵波裂缝检测等发展阶段，形成了横波地震勘探检测裂缝、转换横波探测裂缝、VSP(垂直地震剖面)法识别裂缝等技术。近几年来，在用纵波地震资料进行裂缝勘探方面取得了长足的进步，并开始由以前的定性描述向利用纵波资料定量计算裂缝发育的方位和密度方向发展。目前储层裂缝地震预测技术包括：①基于地震构造解释和沉积分析的裂缝预测；②叠后地震属性裂缝预测；③叠前地震属性裂缝预测；④方位地震 P 波属性裂缝预测；⑤多波多分量地震属性裂缝预测；⑥地震与测井综合裂缝预测；⑦构造正反演裂缝预测；⑧构造应力场模拟裂缝预测；⑨地震波分形分析裂缝预测。

1.2.4.1 基于地震构造解释和沉积分析的裂缝预测

这是一种基于成因分析的预测方法，它可将裂缝预测转化为构造研究、沉积相分析、岩石物性分析、储层厚度预测等，从而间接预测裂缝发育规律。

该方法根据钻井、录井、测井等资料识别出目标岩层段，通过目标岩层段顶、底界面地震层位的标定和拾取，得到构造图和厚度分布图；利用地震属性分析或地震波形聚类等技术进行地震相分析和沉积相分析。沉积相就是沉积环境及在该环境中形成的沉积岩(物)特征的综合，地质上划分沉积相是根据沉积物的物理、生物和化学等特征。根据地震相干分析划分地震相，主要根据地震子波波形的变化，将该区目的层的地震波形进行相干分类，再与已知钻井资料进行对比，然后赋予地震属性分类图以合理的地质意义。

1.2.4.2 叠后地震属性裂缝预测

从地震数据中派生的多种多样的地震属性(Chopra，2005)，便于地质构造、地层、岩石/流体特性等解释，例如能量、同相轴、频率(优势频率、平均频率、平均平方频率)、最大谱振幅、超过优势频率的谱面积、吸收品质因子、频率斜坡下降、频率滤波、瞬时振幅、瞬时相位、瞬时频率、振幅一阶导数、振幅二阶导数、余弦相位、包络加权相位、包络加权频率、相位加速度、薄层指示、带宽、Q 因子、缩放比例、相干性(相似性)、谱分解(FFT、CWT)、三维滤波(低通、拉普拉斯、Prewitt、速度滤波器)、曲率、振幅梯度等。储层中裂缝的存在造成了多种地震属性的变化，测量这些地震属性的变化可以进行裂缝预测。常用的叠后地震属性裂缝预测方法包括：①相干分析法；②方差分析法；③边缘检测分析法；④传统地震属性分析法；⑤沿层构造属性分析法；⑥地震曲率分析法；⑦分频数据分析法；⑧吸收系数分析法；⑨层间地震信息差异分析法；⑩地震预测压力分析法等。

1.2.4.3　叠前地震属性裂缝预测

叠前地震属性是在叠前地震道集(或角道集)数据的基础上，经过地震反演(包括AVO反演、叠前弹性波阻抗反演)处理得到的有关地震波的运动学、动力学和统计学特征以及几何特征信息。叠前地震属性包括：纵波速度、横波速度、纵横波速度比、密度、振幅随炮检距(或入射角)变化量、纵波阻抗、横波阻抗、弹性波阻抗、截距、梯度、烃类指示因子、流体因子、泥质百分含量、孔隙率、泊松比、拉梅系数、体积模量、剪切模量以及一些复合参数等。地层中裂缝的存在会造成一些叠前地震属性的变化，利用这些对裂缝敏感的叠前地震属性可以预测出地层中的储层裂缝发育带及其含油气性。常用的叠前地震属性裂缝预测方法有：①AVO分析法；②AVA分析法；③FVO分析法。

1.2.4.4　方位地震P波属性裂缝预测

方位地震P波属性裂缝预测又称为纵波方位各向异性裂缝检测。如果岩石介质中的各向异性是由一组定向垂直的裂缝引起的，根据地震波的传播理论，当P波在各向异性介质中平行或垂直裂缝方向传播时具有不同的旅行速度，从而导致P波地震属性随方位角的变化，分析这些方位地震属性的变化(如振幅随方位角变化、振幅随炮检距和方位角变化、速度随方位角变化、传播时间随方位角变化、频率随方位角变化、波阻抗随方位角变化等)，可以预测针对中、小型规模的裂缝发育带的分布以及裂缝(特别是垂直缝或高角度缝)发育的走向与密度。较基于常规叠后地震资料的裂缝检测精度更高，其检测结果与裂缝发育带的微观特征有更加密切的关系。目前方位地震P波属性裂缝预测方法主要有：①AVO/AVA分析法；②VVA分析法；③IPVA分析法；④FVA分析法；⑤AVAZ(方位AVO)分析法。

1.2.4.5　多波多分量地震属性裂缝预测

横波在穿过裂缝性各向异性介质时，通常会分裂为两个波。一个平行于裂缝方向，速度较快，称为快波(S1)；另一个速度较慢，垂直于裂缝方向，称为慢波(S2)，这就是所谓的横波双折射现象。快慢波的方向反映了裂缝的走向，快慢波的时差反映了裂缝的密度，时差越大，则密度越大。在时间域，由于快慢波传播速度的差异，在水平分量上记录到快慢波时间差。常用的多波多分量地震属性裂缝预测方法有：①快慢波旅行时差预测法；②快慢波的振幅差异预测法。横波对各向异性的响应比纵波敏感，所以横波资料更有利于预测裂缝参数。

1.2.4.6 地震与测井综合裂缝预测

由于地震资料具有空间上数据点多、分布均匀的特点，利用地震方法进行裂缝预测，可以在区域上了解裂缝发育的空间分布，但由于各种地震属性对裂缝响应均存在一定的多解性，因此预测精度会受到限制，不能精细地描述出裂缝发育情况。而测井曲线在纵向上有很高的分辨率，可分辨出0.5 m左右的层段，而且往往对裂缝发育段有较明显的响应特点，其中常用的测井识别评价裂缝的方法有：微电阻率成像测井(FMI)、微电阻率扫描测井(FMS)、声波成像测井(UBI)、纵横波裂缝声波识别测井(DTCS)、电磁波裂缝识别测井(EPT)、微电导异常识别测井(SHDT)、倾角测井资料裂缝识别(DCA)等。这些方法和设备能测量出储层裂缝的倾角、走向、宽度、长度、视孔隙度，以及裂缝的充填与开启程度，甚至能识别出微裂缝及亚微观裂缝。但是由于井点分布和密度的影响，对于裂缝在空间的分布的预测受到了限制。因此，近年来强调充分利用测井资料和地震资料的各自优势，利用测井曲线上识别出裂缝发育的位置进而结合地震数据来达到在剖面上和区域上更好预测裂缝发育带的目的。目前在地震与测井综合裂缝预测中使用的方法有：①泥岩裂缝储层特征参数提取和储层特征反演法；②BP神经网络法；③基于GA－BP理论的储层视裂缝密度地震非线性反演法。

1.2.4.7 构造正反演裂缝预测

构造裂缝与大地构造运动以及岩石变形过程密切相关，从分析简单褶皱的力学模式入手，通过对地层的构造发育历史进行反演和正演来计算每期构造运动对地层产生的应变量，从而计算可能裂缝发育带，在国内外许多地区的实际应用中取得了很好的效果。近些年发展了一系列先进的运动学和非运动学构造恢复方法，使之能应用于逆冲褶皱带、扩张带，并能解决反转、盐丘和走滑等复杂构造问题。该项技术的构造恢复和正演采用较先进的算法，能够适用于逆冲褶皱带、扩张构造带，并能解决反转构造和走滑构造的恢复问题。

1.2.4.8 构造应力场模拟

地壳岩体的变形和裂缝系统的形成常常受到构造运动及其作用强度的影响，裂隙的产生同构造应力场分布密切相关。构造应力场数值模拟技术是采用数学力学手段的一种模拟方法。利用这种模拟技术，计算了研究区内主应力和剪切应力的分布，预测出研究区内裂隙发育带的宏观平面分布。

1.2.4.9 地震波分形分维分析

裂缝是在应力作用下岩石未发生明显位移的破裂。自然界分布最为广泛的是构造裂缝，其走向、分布和形态都受局部构造应力作用方式所控制。断层与裂缝都是地应力作用的结果，是地层受力的反映。前人研究表明，天然裂缝系统是一个分形体系。该方法借助地震分辨断裂的分布特征，再根据其自相似性(因为断裂和裂缝往往存在伴生关系并且具有一定的空间分布范围)，预测地震分辨率以内的断层和裂缝分布。把分形分维技术引入利用地震资料预测裂缝中，这是裂缝预测方法上的一种尝试。通过分形分维反映裂缝与断层的内在联系，对裂缝分布规律可作半定量的预测，将它与对裂缝地震波特征异常的分析相结合，应用效果更好。

在常规的油气勘探中，地震勘探往往要考虑很多因素，如经济性、构造解释、储层预测等需要。一些裂缝预测方法如多波多分量方法在油气勘探中不太适用，主要是其经济上投入巨大，费效比高，造成不能有效推广；相比较纵波资料的取得相对经济、便宜，并且可以快速应用到构造解释、反演等各个方面。因此，现在较为常用的是使用叠前或叠后地震纵波资料实施裂缝预测，并由此催生出一大批与之配套的商业化的裂缝预测技术。在实际裂缝预测中主要使用现阶段成熟的裂缝预测技术来进行礁滩相碳酸盐岩及页岩、致密砂岩储层段的裂缝预测，这些裂缝预测技术大多数被广泛地应用到各个油气田的储层裂缝预测，并取得相对较好的预测效果。

1.2.5 油气检测技术

1.2.5.1 叠后油气检测

如何在地震资料中直接进行油气识别一直是石油工作者奋斗的方向，20 世纪 70 年代出现的“亮点”技术，很大程度上提高了利用地震资料进行烃类检测的能力，随着“亮点”技术在实际油气勘探工作中的广泛应用，其局限性也开始凸显出来，某些特殊的岩性组合也可以在地震剖面上形成强反射，出现假“亮点”，所以不是所有的“亮点”都是由气层或油层所引起的。在应用“亮点”技术进行油气检测时，需要去伪存真、仔细斟酌。70 ~ 80 年代，相继出现了亮点、平点、暗点、三瞬、拟测井速度、声阻抗曲线、频谱比、振幅比、吸收系数等油气检测技术。90 年代，BP Amoco 公司提出了谱分解技术(分频技术)——基于频率域的一种解释性处理技术，该技术主要利用谱分解技术检测储层产生的低频阴影，进而开展油气检测。此外，分频技术也得到了越来越多的地质工作者、地球物理工作者的密切关注，且不断有新的谱分解技术问世。近年来，陆续出现了模糊识别、多元统计、模式识别(包括灰色预测、神经网络等)、分形分维等烃类检测技术。这些叠后烃类检测技术在油气勘探中发挥着举足轻重的作用。

1.2.5.2 叠前油气检测

前人在AVO技术方面做了很多开创性工作，取得了许多重要的成果。Ostrander等(1984)利用共中心点资料，研究反射振幅随炮检距变化的变化情况(AVO技术)，根据其变化特征找到了油气。AVO技术的出现激发了人们深入研究AVO技术的浓厚兴趣。Shuey(1985)简化了Zoeppritz方程的P波反射系数，提出了一种抛物线的表达式，这为AVO零偏移距的提取与属性分析在实际生产中广泛应用提供了可能。Smith(1987)提出在气层检测与流体因子估计中使用加权叠加方法。Miles(1989)将AVO信息应用于反演泊松比，直接进行岩性和油气解释。20世纪90年代至今，不同学者致力于充分挖掘AVO信息的潜力，又从不同方面和角度对AVO进行了研究。为利用AVO属性进行特殊岩性体识别和油气检测，于1995年提出了AVO属性交汇图技术，希望减少评价的多解性。此后相继又出现了叠前AVO属性、四维AVO分析、多波AVO、AVO各向异性等多项先进技术，为AVO技术广泛应用于地震勘探的各个领域注入新的活力。

地震叠前反演技术是地球物理领域正在兴起的一项新兴技术，该技术在某些国家已经成为油气储层预测和烃类检测中不可缺少的技术。近年来，国内对该技术也越来越重视，在方法和理论研究、实际应用中都取得了可喜的成果。Zoeppritz方程是叠前反演理论基础，通过简化该方程得到了多种简化形式，并应用到油气检测中。针对物性和流体变化敏感的储层，通过叠前反演可以得到许多叠后反演无法得到的参数。Knott及Zoeppritz(1919)分别以位和势的形式给出了固体-固体接触界面处的透射和反射公式，即著名的Knott-Zoeppritz方程。该方程描述了接触界面两侧透射波与反射波、横波与纵波之间的能量分配关系。而在实际地震资料采集的过程中，子波是随炮检距产生变化的，为了解决这个矛盾，Connolly(1999)提出了弹性波阻抗的概念，将波阻抗从零入射角拓展到了任意入射角。Whitcombe(2002)提出了归一化弹性阻抗概念，解决了Connolly弹性阻抗量纲随入射角变化的缺点，使得声阻抗(AI)的量纲与弹性阻抗(EI)的一致，便于比较。同时还提出了扩展弹性阻抗公式，将弹性阻抗的定义域进行了扩展，为了弹性阻抗的物理意义更加明确，推导了弹性阻抗与6个弹性参数之间的关系，以便于应用。通过广义弹性阻抗数据体的计算很容易获得泊松比、纵横波速度比等重要的弹性参数。

2 基于叠后地震资料预测

2.1 基于地震解释及沉积相分析

这是一种基于成因分析的预测方法，它将缝洞型储层预测转化为构造研究、沉积相分析、岩石物性分析、储层厚度预测等，从而间接预测缝洞型储层发育及分布规律。

该方法根据钻井、录井、测井等资料识别出目标岩层段，通过对目标岩层段顶、底界面的地震层位的标定和拾取，得到构造图和厚度分布图，并可进行相关的古地貌分析；另外，也可利用井上目标段的沉积相、地震属性分析或地震波形聚类等技术进行地震相分析和沉积相分析。在上述解释成果的基础上，分析目标岩层段的有利沉积相带和分布范围、分析缝洞型储层发育的有利构造部位等，揭示和预测缝洞型储层分布和发育规律。目标层段一般是指储层段或者油气勘探方面感兴趣的层段。

2.1.1 波形地震相分析

沉积相就是沉积环境及在该环境中形成的沉积岩(物)特征的综合。地质上划分沉积相是根据沉积岩石的物理、生物和化学等特征。根据地震相干分析划分地震相，主要根据地震子波波形的变化，将该区目的层的地震波形进行相干分类，再与已知钻井上的目标段的沉积相资料进行对比，然后赋予地震属性分类图以合理的地质意义。

波形地震相分析技术原理是利用地震道波形特征对某一层间内地震数据道进行逐道对比，细致刻画地震信号的横向变化，从而得到地震异常体平面分布规律。其技术方法是基于神经网络技术，神经网络技术是在地震反射层段内对地震道进行训练，通过多次迭代之后，构造合成地震道，然后与实际地震数据进行对比，再通过自适应试验和误差处理，合成道在每次迭代后被改变，在模型道和实际地震道之间寻找更好的相关性(图 2-1)。其特点是在某一目的层段内估算地震信号的可变性，利用神经网络算法对地震道波形进行分类，并把这种分类形成离散的“地震相”，再根据“拟合度”准则对实际地震道进行对比、分类，细致刻画出地震信号的横向变化，得出地震波形分类平面分布图。最后与测井曲线对比，对地震资料做出综合性的地质解释，进行储层预测和含油性判别(图 2-2)。

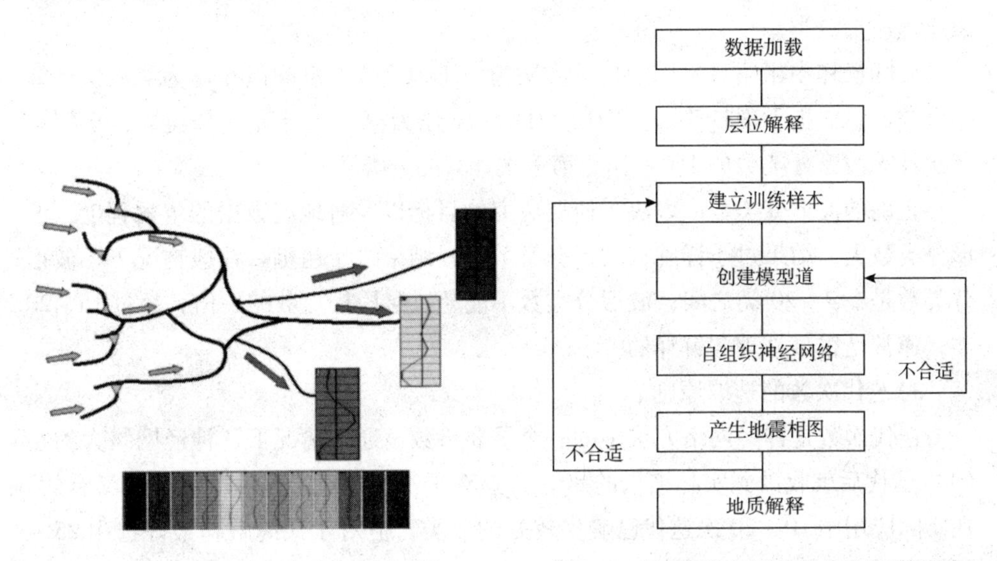

图 2-1　神经网络波形分类原理图　　　　图2-2　神经网络地震波形分类处理流程图

波形地震相分析一般分两步实施：首先，利用神经网络对地震层段间地震道形状进行分析，建立一个最能表征层段内地震道形状差异的模型道序列；其次，在实施层段中对每一地震道与模型道序列进行比较，并按最佳相关建立地震道和模型道之间的联系，得到标明模型相似性的空间分布，即地震相，并为后续地震层间属性分析指明方向。

2.1.1.1　地震相分析实践

在利用现有商业软件进行地震相分析时，对地震相划分结果起重要作用的主要有 3 个参数，即选择 Interval 层段的大小、波形分类数和迭代次数。相关的操作原则及实现步骤如下：

1) Interval 层段时窗选择的原则

Interval 层段是在以两个层位之间或某个层位加上上限、下限时窗范围的地震数据的集合。对于等厚时窗 Interval 层段的选取最好是大于半个相位，并小于

150ms，太大的 Interval 层段会包含太多的模型，给地震相解释带来困难，物理意义也不明确。而对于非等厚时窗的选择，可以选取主要目的层段或顶底界面建立 Interval 层段。

2)波形分类数的选取原则

波形分类数是指在整个感兴趣的层段内所遇到的地震道的种类数，较为理想的分类数是不容易定义的，建议至少计算 3 次去估计该参数，并从中优选最佳参数实施波形分类。

实际操作中粗略且实用的估计方法为：①把层段厚度除以 6 作为第一次计算的分类数；②把上次计算波形分类数的 50% 作为第二次计算的分类数；③把第一次计算波形分类数的 150% 作为第三次计算的分类数。

正确的波形分类数应取决于所要研究的目标以及对地震数据的了解程度，波形分类数大，结果过于详细；波形分类数小，结果过于粗糙。一般情况下，波形分类数是在 7 ~ 20 类之间；波形分类数不能超过层段样点数的一倍；超过 15 ~ 20 类，通常是很难管理和解释的。

3)迭代次数的选取原则

迭代次数是神经网络方法中的一个重要参数，通常情况下，神经网络大约在 10 次迭代后就收敛到实际结果的 80%，这对于快速浏览、显示等既方便又有效。在实际应用中 10 ~ 20 次迭代已确保较好的分类，但对于最终解释最好选用 25 ~ 35 次迭代，以保证网络收敛最佳。

4)实现步骤

形成地震相图包括选取目的层、确定时窗、创建模型道、形成相图等环节，具体实施步骤包括：

(1)确定目标层段，根据储层精细标定结果，对目标层段进行全区追踪对比。

(2)建立层切片(由地震解释层位变成经过网格化层面)，通过浏览层切片寻找异常体，确定层段范围(选择目的层段时窗的大小)和用于地震相分析的地震参数，如地震反射的外部几何形态、内部反射结构、波形、振幅、频率、连续性等。

(3)利用神经网络对目的层段间的地震道形状进行分析，建立一个最能表征层段内地震道形状差异的模型道序列。

(4)在实施层段中对每一地震道与模型道序列进行比较，并按最佳相关建立地震道和模型道之间的联系，得到标明模型相似性的空间分布，即地震相图。

(5)将地震相划分结果投影到剖面上，逐条对比剖面的反射特征，解释出地震相变化的位置及形状，结合钻井地质研究成果转换出沉积相图，找出地质异常体的平面分布特征。

VVA 软件中主要应用的方法是监督/继承性相分类，监督分类是一种神经网络分类方法，利用神经网络和用户定义的参数对数据分类。首先选取所需要的地震属性进行初次的地震相分类，在分出的一级地震相的基础上，选取合适的属性进行次级的分类，依次进行直到最终的地震相符合要求。FM 研究区主要选取了上述复数道属性、响应属性进行了继承性分类的地震相研究。

2.1.1.2　FM 地区波形分类

利用三维地震数据、茅口组地层数据实施对茅口组地震反射波形分类，得到相关的地震波形分类结果。图 2-3 为 FM 地区三维地震工区继承性波形分类平面图，图中白色、黑色夹杂灰色的短划线区域内（模型道为 2、4、7、8 类）为岩溶生屑灰岩发育区，短划线外的暗灰、灰色的区域（模型道为 3、6 类）为岩溶灰岩

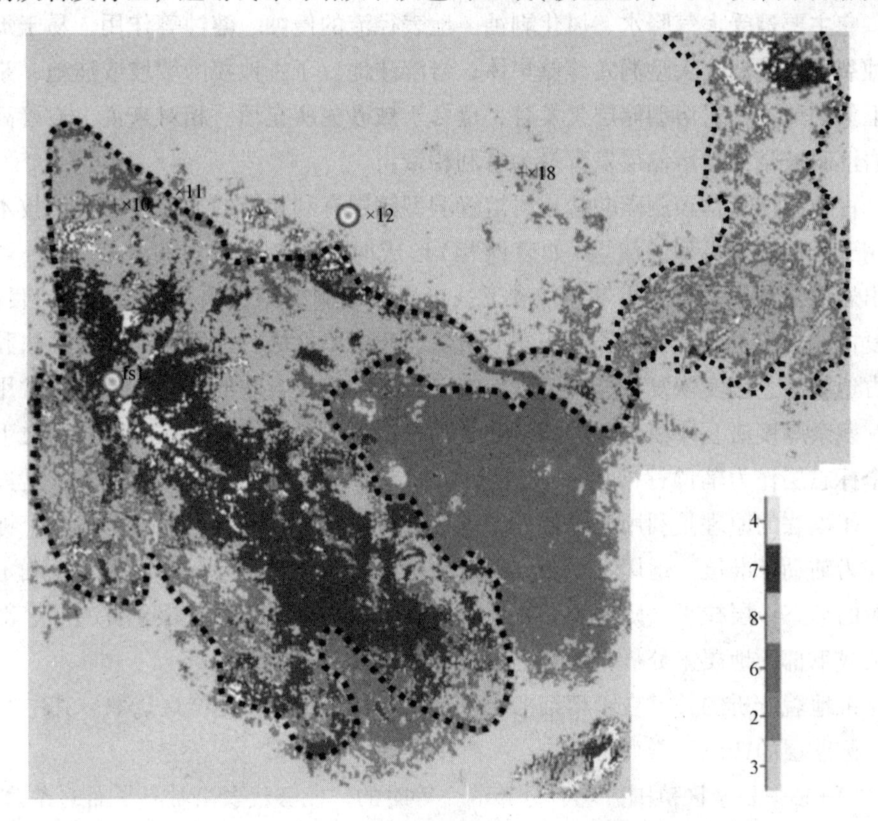

图 2-3　FM 地区三维地震研究区内茅口组波形分类平面图

发育区。结合古地貌及裂缝发育特征，FM地区三维地震工区的茅口组岩溶缝洞发育的有利相带位于研究区中部岩溶斜坡带，整体呈北西向条带状分布，在前面地震相分类的基础上进行继承性的分类，结果表明缝洞型储层的发育相带为平面图中的黑色(模型道7类)区域(短划线区域内黑色条带)和灰色区域(模型道8类)，在研究区东部也有部分有利区域。如fs1井位于黑色有利相带内，钻井证实为裂缝型储层发育区；xl2井茅口组的裂缝相对发育，但裂缝相对被充填，导致该井的含气性不佳。

2.1.2 古地貌分析技术

岩溶型储层的发育主要受古地貌的控制，在古地貌上可以分为岩溶高地、岩溶斜坡和岩溶洼地3个古地貌单元。其中，岩溶高地主要遭受大气降水、风化和剥蚀等作用，岩溶型储集层相对发育；岩溶斜坡是岩溶型储层最发育的古地貌单元，它主要遭受大气降水、风化剥蚀、地表径流的侵蚀、溶蚀等作用，易于形成溶蚀裂缝、孔洞、大型洞穴等储集体；岩溶洼地位于古地貌的缓坡或洼地，是水流汇集的地方，岩溶型储层欠发育，也易于被砂泥所充填。相对来说，岩溶高地及岩溶斜坡带为岩溶储层发育最为有利相带。

古地貌恢复是预测碳酸盐岩岩溶缝洞型储层有利相带的关键技术，该技术也可用于分析其他类型的储层(如礁滩相)形成时的地貌。通过古地貌恢复研究，找出岩溶缝洞最发育的相带，指导下一步岩溶缝洞型储层预测技术研究。目前，恢复古地貌的手段主要有：沉积学分析法、残余厚度法、印模法、层拉平法和地震古地貌法、压实恢复法、构造分析法以及上述几种方法的综合。但是最常用的是：残余厚度法、印模法和层拉平法3种方法。残余厚度法是在不整合面之下找一个标志层作为辅助标准层，通过求取地层遭受剥蚀后的残余厚度来恢复古地貌；印模法的原理是利用填平补齐的理论进行制作，在不整合面之上找一个标志层作为辅助标准层，运用不整合面上覆地层厚度与侵蚀面起伏的镜像关系确定古地貌的形态；层拉平法则是主要在地震剖面中进行操作，通过拉平目的层上部的地层或下部的地层来分析古地貌的形态。

古地貌分析的关键在于精细的层位追踪解释和合理的标准层选取。其中，

标准层的选取原则如下：

(1)必须是全区范围内均有分布的、等时的、能够代表当时海平面的界面；

(2)标志层与风化壳面愈近愈好，因为标志层越接近风化壳，两者受后期构造活动影响及古地貌相对起伏的变化差异就越小，标志层与风化壳间的地层厚度

越能反映风化壳当时的地形起伏；

(3)标志层与风化壳之间不能有另一个不整合面，这样才能确保古地貌是填平补齐或风化剥蚀的结果；

(4)标志层必须是一个强波阻抗或反射界面，并且在全区分布稳定，在地震剖面上容易识别，能够进行横向上的连续对比追踪。

2.1.2.1 茅口组古地貌分析

基于标准层的选取原则，FM 三维地震工区可以选取的标准层有下二叠统梁山组(TP_{1l})、上二叠统长兴组底界(TP_{2ch})和飞仙关组四段底界($T1f_4$)。这 3 个标准层反射同相轴能量较强，全区易于连续对比追踪。但是，梁山组沉积地层薄，地层对比追踪解释难度大；如果选用飞四底界作为标准层，距下二叠统茅口组沉积时间跨度大，其精度难以满足本区微古地貌控制岩溶缝洞有利发育相带的刻画要求。岩溶古地貌的恢复较粗糙，不能精细刻画岩溶微古地貌的特征。因此，本次研究选用 TP_{2ch} 底界作为标准层应用印模法恢复 FM 地区茅口组的古地貌。

图 2-4 为过 FM 地区已有钻井的三维地震剖面，该剖面为 jj1-bx1-fs1-xl2-yun12 井的连井地震剖面(沿 TP_{2ch} 底拉平)，从图中可以看出，在龙潭组沉积前，FM 地区的三维研究区整体上地势比较平缓，往南西方向地势变低，往北东方向地势整体抬高，在 bx1 井处的坡折带比较清晰。在层拉平后的剖面上可以清楚地看到上超充填的沉积现象。因此，根据该层拉平剖面展示的古地势高低，我们可以准确地识别出，在龙潭组沉积前北东方向为古地貌高的位置，南西方向为古地貌相对低的位置。

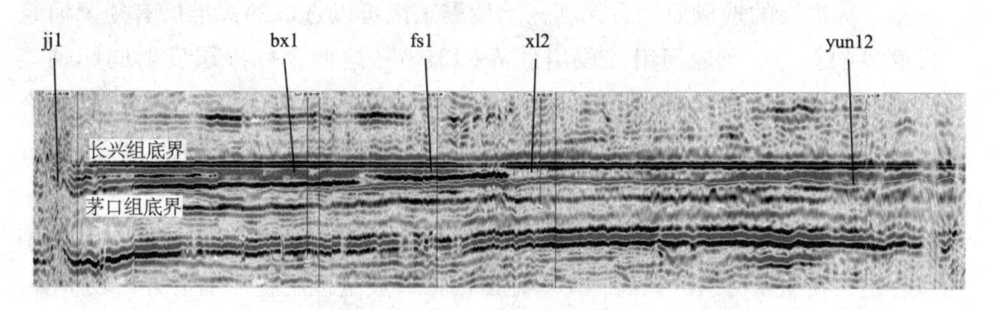

图 2-4 过 jj1-bx1-fs1-xl2-yun12 井连井地震剖面图(沿长兴组底界层位拉平)

图 2-5 为采用印模法得出的 FM 三维区内龙潭组沉积前古地貌图，图中灰白色分布区为该沉积时期古地貌相对高的区带，在古地貌相对高的区带内，发育局部低的岩溶洼地(灰黑色区域)；岩溶高地的西南区域为岩溶斜坡带，在图中为灰黑色的区域，东南方向的带形特征明显；黑色的区域为岩溶洼地，位于岩溶斜

坡带的西南区域。该岩溶斜坡区带呈近北西向展布，与研究区的主要构造走向近似垂直。

图 2-5　FM 地区龙潭组沉积前茅口组岩溶古地貌图

综上所述，通过对茅口组进行古地貌分析，准确找出关键沉积时期的古地势高分布区带就可以帮助我们快速锁定有利岩溶目标区，指导沉积相解释及预测有利储层的分布区域。

2.1.2.2　雷口坡组古地貌分析

基于标准层的选取原则，元坝三维地震工区可以选取的标准层有须家河组一段底界（$T3x_1$）、须家河组二段组底界（$T3x_2$），这两个标准层反射同相轴能量较强，全区易于连续对比追踪。相对来说，本次元坝地区雷口坡组古地貌恢复主要使用须家河组一段底来进行，并且应用印模法恢复该区雷口坡组的古地貌。

图 2-6 为过 yb2-yb204 井连井的地震剖面（沿须家河组一段底拉平），从图中可以看出，在须家河组沉积前，元坝地区的雷口坡组地层整体上地势比较平缓，往南方向地势变低，往北方向地势整体抬高。在层拉平后的剖面上可以清楚地看到上超充填、削蚀等沉积现象，并能看到断续状的强反射（亮点）——推测为岩溶所形成。因此，根据该层拉平剖面展示的古地势高低，我们可以准确地识别出，在须家河组沉积前元坝研究区总体上表现出北部为古地貌高的位置，南部为古地貌相对低的位置。

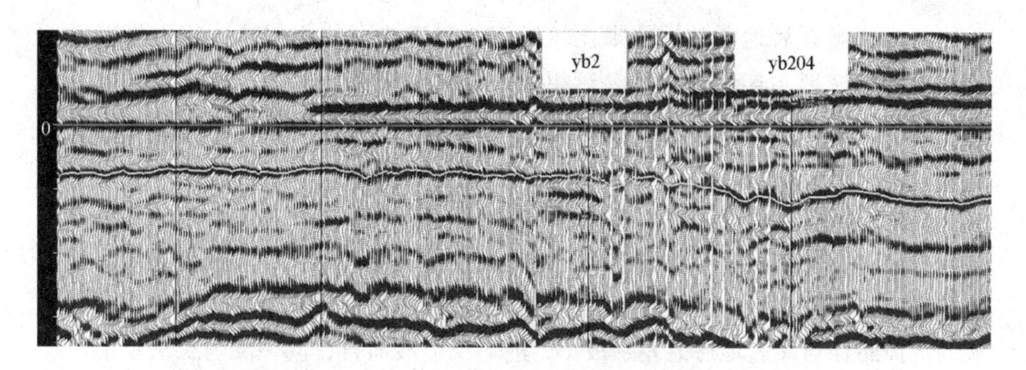

图 2-6 过 yb2 - yb204 井连井地震剖面图(拉平须家河组一段底的层位)

图 2-7 为采用印模法得到的元坝三维区内须家河组沉积前古地貌图，图中灰黑及白色分布区为该沉积时期古地貌相对高的区带(图中虚线的北面)——呈凸起状分布，在古地貌相对高到低洼的斜坡区带内，发育局部相对低的岩溶斜坡带(主要分布在图中虚线的南部及北部的一些白色或灰色区域)；深黑色区域(地貌最低的区域)为岩溶洼地，呈现出低凹状的特征(主要分布在图中虚线的南部)。总体上岩溶区带呈近南北向展布，岩溶地貌整体上呈现出坑坑洼洼的特点。

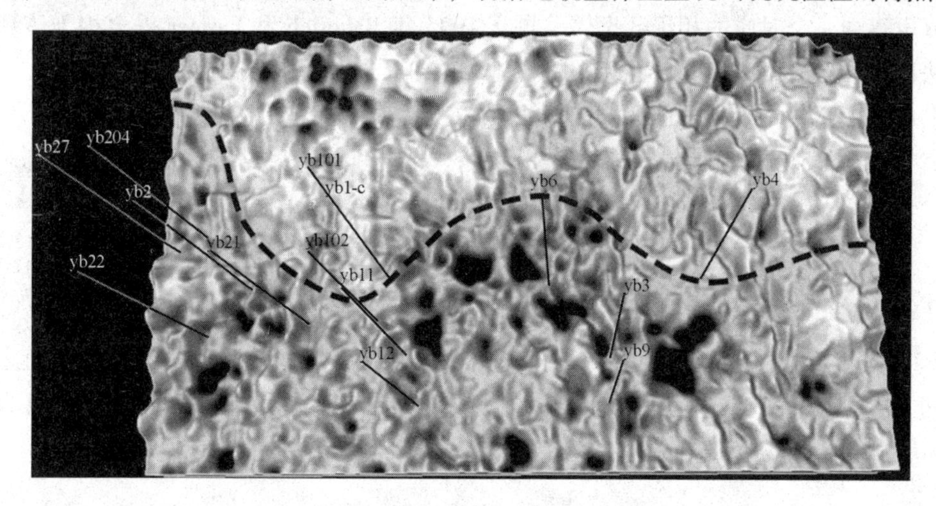

图 2-7 元坝地区雷口坡组岩溶古地貌图

2.2 相干体技术

地震相干体技术近年来得到了广泛应用，并且大量用于油气勘探中。该技术在断层识别、特殊岩性体的解释方面较常规三维数据体具有显著的优势。相干体技术通过叠后地震数据体来比较局部地震道波形的相似性，相干值较低的点与反射波波形不连续性相关，对相干数据体作水平切片图，可揭示断层、岩性体边缘、不整合及裂缝等地质现象，为解决油气勘探中的特殊问题提供有利依据。

在反射波法地震勘探中，由震源激发的脉冲波在向下传播过程中，遇到波阻抗分界面时，根据反射定理和透射定理，会发生反射和透射，形成地震波。地震波在横向均匀的地层中传播时，由于各相邻道的激发、接收条件十分接近，反射波的传播路径与穿过地层的差别极小，故对反射波而言，同一反射层的反射波走时十分接近，同时表现在地震剖面上是极性相同且振幅、相位一致，称为波形相似。相干数据体技术正是利用这种相邻地震信号的相似性来描述地层和岩性的横向不均匀性的。具体地说，当地下存在断层时，相邻道之间的反射波在旅行时、振幅、频率和相位等方面将产生不同程度的变化，表现为完全不相干，相干值小；而对于横向均匀的地层，理论上相邻道的反射波不发生任何变化，表现为完全相干，相干值大。对于渐变的地层，相邻道的反射波变化介于上述两者之间，表现为部分相干。根据相干算法，对偏移后的地震数据体进行逐点求取相干值，就可得到一个对应的相干数据体。自从 1995 年 Bahorich 和 Farmer 提出相干体算法以来，已从第一代基于互相关的算法 C_1、第二代利用地震道相似性的算法 C_2 发展到第三代基于特征值计算的算法 C_3。

1)第一代相干数据体计算(C_1)

$$C_{12}(m) = \sum_{i=t+\frac{k}{2}}^{t-\frac{k}{2}} x(i)y(i-m) \tag{2-1}$$

式中，k 为时窗长度；m 的大小与地层的倾角大小有关。

时窗大小的选择必须适当，k 值过小，干扰的影响大；k 值过大，相干值之间的差别减小，不利于小构造识别，同时计算量增大。一般地，取 k 值为 $\left(\frac{1}{2}\sim 1\right)T^*$（$T^*$ 为视周期）

$$C_{11}(m) = \sum_{i=t+\frac{k}{2}}^{t-\frac{k}{2}} x(i)x(i-m) \tag{2-2}$$

两道自相关函数分别为：

$$C_{22}(m) = \sum_{i=t+\frac{k}{2}}^{t-\frac{k}{2}} y(i)y(i-m) \tag{2-3}$$

(1)二维两道 C_1 算法：

在二维地震剖面选取相邻两道逐点求取 C_1 相干值，计算公式为：

$$C_1(m) = \frac{C_{12}}{(C_{11}C_{12})^{\frac{1}{2}}} \tag{2-4}$$

自动搜索 m 的值，计算得到最大的 C_1 作为该点的相干值。

$$C_1 = \max C_1(m) \tag{2-5}$$

(2)三维多道算法：

三维情况要比二维情况多考虑一个方位角。三维三道的相干计算公式为：

$$C_1(m,n) = \left[\frac{C_{12}}{(C_{11}C_{22})^{\frac{1}{2}}} \cdot \frac{C_{13}}{(C_{11}C_{33})^{\frac{1}{2}}}\right]^{\frac{1}{2}} \tag{2-6}$$

式中，n 值的大小与地层的方位角有关。

分别自动搜索 m、n 的值，使计算所得到的最大值作为该点的 C_1 相干值。

$$C_1 = \max C_1(m,n) \tag{2-7}$$

对于多道情况：

设有 J 道地震数据，则计算公式为：

$$C_1(m,n) = \left(\prod_{j=2}^{J} \frac{C_{1j}}{\sqrt{C_{11}C_{jj}}}\right)^{\frac{1}{J-1}} \tag{2-8}$$

$$C_1 = \max C_1(m,n) \tag{2-9}$$

2)第二代相干数据体计算(C_2)

$$C_2 = \frac{\sum\limits_{m=n-\frac{N}{2}}^{n+\frac{N}{2}} \left(\sum\limits_{j=1}^{J} d_{jm}\right)^2}{J\sum\limits_{m=n-\frac{N}{2}}^{n+\frac{N}{2}} \sum\limits_{j=1}^{J} (d_{jm})^2} = \frac{u^{\mathrm{T}}Cu}{Tr(C)} \tag{2-10}$$

式中，$d_{jm} = d_{jm\Delta t}$ 为地震数据，u 为归一化向量，可以由特征向量 v_j ($j = 1$, 2, 3, …, J)正交形成，即：

$$u = v_1\cos\theta_1 + v_2\cos\theta_2 + \cdots + v_J\cos\theta_J \tag{2-11}$$

故有：

$$C_2 = \frac{u^{T}Cu}{Tr(C)} = \frac{\lambda_1\cos^2\theta_1 + \lambda_2\cos^2\theta_2 + \cdots + \lambda_J\cos^2\theta_J}{Tr(C)} \tag{2-12}$$

3)第三代相干数据体计算(C_3)

对于数据体中的相干计算点，设样点号为 n，给定按一定方式组合的 J 道数据，取时窗长度为N(N取奇数)，定义协方差矩阵C为：

$$C(p,q) = \sum_{m=n-\frac{N}{2}}^{n+\frac{N}{2}} \begin{bmatrix} d_{1m}d_{1m} & d_{1m}d_{2m} & \cdots & d_{1m}d_{Jm} \\ d_{2m}d_{1m} & d_{2m}d_{2m} & \cdots & d_{2m}d_{Jm} \\ \cdots & \cdots & \ddots & \cdots \\ d_{Jm}d_{1m} & d_{Jm}d_{2m} & \cdots & d_{Jm}d_{Jm} \end{bmatrix} \tag{2-13}$$

式中，$d_{jm} = d_j(m\Delta t - px_j - qy_j)$为对应的地震数据，$p$和$q$为视倾角。对于每一组$p$、$q$值，都可以利用$J$道(空间组合)、$N$个点的小数据体的信息来提取该计算点的相干属性值，由于以上协方差矩阵是对称的半正定矩阵，当原始数据矩阵的元素不全为零时，可以计算出它们的J个非负特征值，定义下式为第三代相干体的相干值：

$$C_3 = \max C(p,q) = \frac{\lambda_1}{\sum_{j=1}^{J}\lambda_j} = \frac{\lambda_1}{Tr(C)} \tag{2-14}$$

式中，分母是矩阵的迹，代表了协方差矩阵的能量，$Tr(C) = \sum_{i=0}^{J}\sum_{j=0}^{J}C_{ij}$，这里$C_{ij} = \sum_{m=n-\frac{N}{2}}^{n+\frac{N}{2}} d_{im}d_{im}$；分子是最大特征值，代表了优势能量。对于每一时间点，在给定的视倾角范围内，计算不同p、q时的相干值，取其中最大的相干值作为该点最终的相干结果。

实际计算时，为了提高运算速度，特征值可采用乘幂法计算，矩阵C的迹及各元素的和可用递推法计算。

2.2.1 相干数据体计算实现方法

相干体计算的基本思路是从地震数据空间的一点出发，计算纵向、横向波形相似系数或互相关函数，组合计算的值得到该点的相干属性：横测线两个方向并对数据体计算每一个点的相干值，最后得到整个相干数据体。相干数据体计算前应进行如下处理：①网格点的分选：在水平面上将三维数据体分选成规则网格，例如5m×10m的数据体，分选成10m×10m的数据体，也可插值成5m×5m的数据体。②平滑滤波：由于三维数据体中的一些数据有一定的随机性，使地震道常常出现“毛刺”，且可能出现由个别非地质因素所引起的异常(野值)。“毛刺”和野值的出现，对相干分析不利，因此需要做平滑处理。

2.2.2 相干技术参数的选择

2.2.2.1 相干方式的选择

主要有两种，一种为正交模式，选用多个方向的地震道进行相干计算，能够满足多组系的裂缝预测。第二种为线形模式，只用了一个方向，适用于应力方向集中的单组系裂缝预测。

2.2.2.2 相干道数的选择

对于正交模式，参与的道数有3道、5道、9道。参与的道数越多，噪声压制越强，但具有平均效应，突出了大断层、较大尺度的裂缝发育带，但小断裂、小尺度的裂缝发育带反映不清楚。参与的道数少，小尺度的裂缝发育带反映清楚，但抗干扰能力弱。所以在计算地震相干性时要根据研究地质目标的不同，来选择参与计算的相干道数。通过实际处理和综合比较，在知道断裂大致走向的情况下，采用垂直于断裂走向的单向5点组合或9点组合方式效果最佳，并且运算速度最快，因为平行于断裂走向的相干性会压制垂直于走向的不相干性，最好不要选择同向的道数参加相干运算。

2.2.2.3 倾角搜索(ms/trace)

在给定的时窗范围内，目标道与相邻道的同一个同相轴进行相关就必须提供倾角校正功能，消除由地层倾角不同所造成的相关系数的差别，这样输出的相关系数才能真实地反映同一时代地层的断裂。对于平缓地层，则该参数取较小的值；对于陡构造地层，需要输入较大的参数。

2.2.2.4 相干时窗

相干时窗的选择一般由地震剖面上反射波视周期 T 决定。时窗过大，噪声压制强，具有平均效应，突出了地质尺度的裂缝发育带，但小尺度的裂缝发育带反映不清楚。时窗太小，计算出的低相干区带不是裂缝发育带而是噪声。因此在包括一个完整的波峰或波谷范围内，尽量选用小时窗，这样预测的结果分辨率高、裂缝发育带清楚。

2.2.3 相干体技术应用实践

2.2.3.1 FM地区茅口组

从研究区的地层相干切片来看(图2-8)，研究区内孔洞比较发育，在xl2

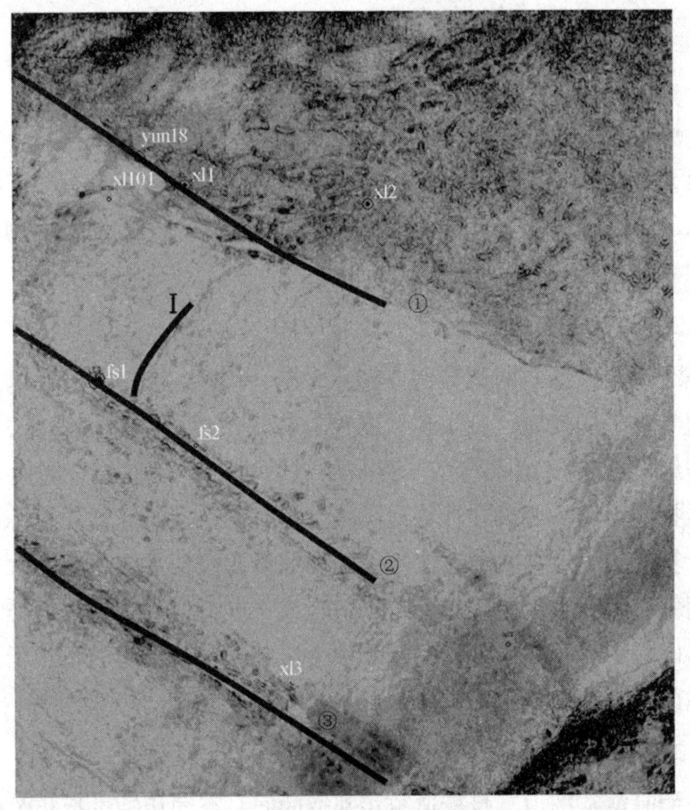

图 2-8 FM 地区三维地震工区茅口组沿层相干切片平面图

井区附近孔洞最发育，孔洞发育规模较大，溶蚀孔洞的外形清楚，呈现出串珠状展布，有溶沟沟通各个孔洞，规模相对较小；在东北部，有类似分支河道发育。研究区有一条呈北西向条带状展布的界线(图中虚线为①号条带)，与yun18 井、xl1 井连井走向相对重合，该条带上的孔洞相对发育，①号条带以北，岩溶及溶沟相对发育，呈现出岩溶高地的特点；①号条带的西南方向，孔洞次发育或不发育，总体上岩溶的发育规模比界线以北的小。界线以南有两条近似平行界线的溶孔发育带，推测位于岩溶斜坡区，一条岩溶发育带过 fs1 井、fs2 井(图中虚线为②号条带)，另一条岩溶发育带过 xl3 井(图中虚线为③号条带)，这两个条带(②号、③号条带)溶蚀孔洞联通性较好，岩溶相对比条带的周边发育。②号、③号条带内部的孔洞规模比较①号条带的规模小，③号条带上的孔洞规模相对比②号条带上的规模稍大。在③号条带的西南区域，孔洞不发育，推测为岩溶低洼区域。总的来看，这 3 条条带整体上走向都大致呈北西—南东向。

FM研究区内茅口组主要发育北东向的大型逆断层，小型逆断层主要发育在研究区西南部的低缓向斜区的南翼，断层规模小，在fs1井右侧也存在比较小的逆断层(图中的点状线Ⅰ号)，这条断层将fs1井区的呈北东向的溶蚀孔发育条带与北部的溶沟相连，该断层呈低相干线状展布。

2.2.3.2 元坝地区雷口坡组

对元坝地区雷口坡组的顶部(须一段底)进行层位解释，得到相关层位数据，利用第二代相关算法进行计算得到相干体，沿须一段底及向下开20ms时窗提取相干切片。根据沿层切片平面图(图2-9)可知，元坝地区雷口坡组大型断裂附近的裂缝及溶洞相对发育，呈大面积分布的淡黑色低相干区域，裂缝呈低相干值及淡黑色点—线状展布，强发育的微裂缝的走向总体上与区域大断裂的走向一致，也呈北北东向或近南北向；溶洞则呈黑色麻点状、圈状分布其中，大体上与裂缝、断裂相伴生，整体规模不大。研究区内中部、东部的裂缝、岩溶相对发育，主要是该区域的断层相对发育且呈密集状，西部的裂缝相对比中部、东部呈减弱趋势，但西北部的构造主体及其东南翼部的岩溶在区域上相对发育及呈密集状分布，这也为后续的一些钻井资料所证实。从相干计算的效果来看(图2-9、图2-10)，第二代相干算法所得到的地质效果明显强于第一代相干算法，在第二代相干算法的平面图中相关的裂缝及岩溶分布位置相当清晰，而第一代相干算法的结果则相对模糊并且难以辨认。

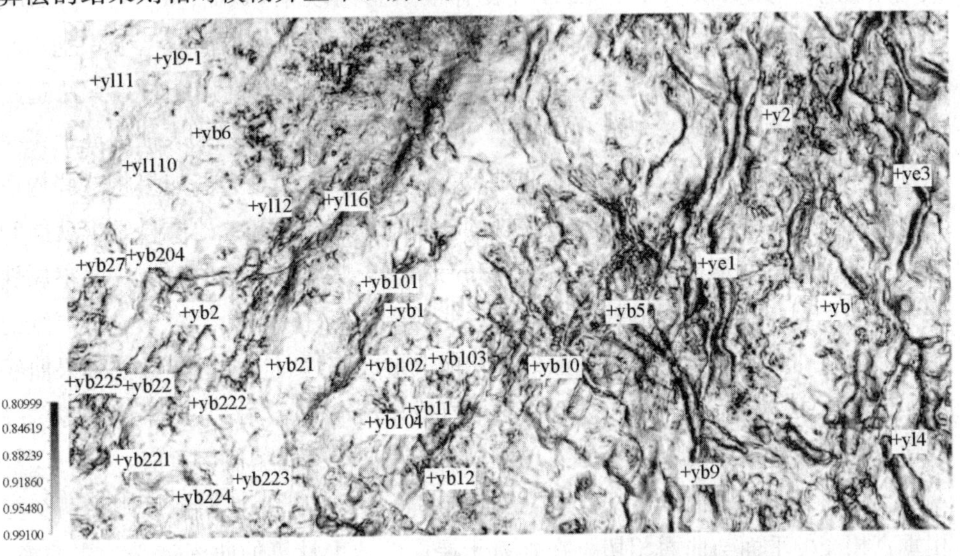

图2-9 元坝地区雷口坡组沿层相干切片平面图(第二代)

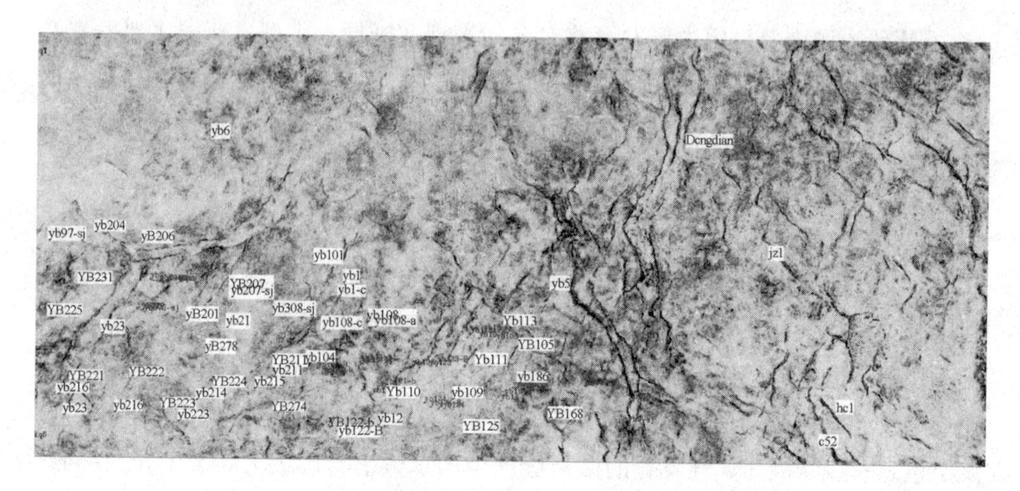

图 2-10　元坝地区雷口坡组沿层相干切片平面图(第一代)

2.3　曲率技术

2.3.1　曲率技术简介

曲率属性在20世纪90年代中期引入解释流程中，计算方式为用层面计算，其结果显示与露头资料上存在的断裂有很紧密的联系(Lisle，1994；Roberts，2001)。最近体曲率属性开始流行起来，解释人员可以从沿层面属性上识别出小的扰曲、褶皱、凸起、差异压实特征，这些在常规地震资料解释时是无法追踪的、相干体上也呈现为连续低相干特征。通常意义上曲率是用来表征层面上某一点处变形弯曲的程度。层面变形弯曲越厉害，曲率值就会越大。如果将这些构造变形如扰曲、褶皱等定量结果与更常规的断裂图像结合起来，地质科学家就能利用井控下的构造变形模型来预测古应力和有利于天然裂缝分布的区域。曲率属性除了可用于刻画断裂和裂缝外，还能对一些地质特征进行呈现。对于一个二维的曲线而言，曲率可以定义为某一点处正切曲线形成的圆周半径的导数。如果曲线弯曲褶皱厉害，曲率值就比较大，而对于直线无论水平或倾斜其曲率就是零。一般情况下背斜特征时定义曲率值为正值，向斜特征定义曲率值为负值。

二维曲线曲率的简单定义方式可以延伸到三维曲面上，此时曲面则由两个互相垂直相交的垂面与曲面相切。在垂直于层面的面上计算的曲率定义为主曲率，同时可以计算最大和最小曲率，这两种曲率正好是互相垂直的。通常采用最大曲率来寻找断裂系统。

在属性领域内计算体曲率属性是重大的的变革。利用三维地震层位计算出来的曲率属性在预测断层和裂缝中的应用已经有很多成功经验；一些曲率特征与在露头资料上观察到的开启裂缝比较吻合(Lisle，1994)，或者与生产资料一致(Hart 等，2002)。基于层位计算的曲率属性不仅受限于解释人员的追踪水平，还受目标层在三维资料中反射能量水平有关。如果资料中含有噪声或者岩性界面不呈现强反射界面时层位追踪是很困难的。近些年开始进行体曲率属性计算，这种方式就能减少层位追踪的影响(Al-Dossary 和 Marfurt，2006)。其计算过程简单表述为：先计算倾角属性和方位角属性体，这样每个样点处都有最佳的单倾角属性，然后比较邻近样点的倾角和方位角计算曲率，获得整个三维体的曲率属性。实际计算中可以计算出很多类型的曲率属性，其中最大正曲率、最大负曲率属性是最常用的。体曲率在刻画微小扰曲和褶皱时很有用处。除了断层和裂缝识别外，一些地层特征如河堤、点砂坝以及与断裂相关的成岩特征如岩溶、热液化白云岩等都能在曲率属性图上有很好的呈现，有差异压实作用的河道也能反映出来。

2.3.2 曲率技术计算原理

根据 Murray 等(1968)提出的构造曲率法原理，构造层面的曲率值大小反映岩层的弯曲程度，弯曲越大，其破坏程度越高，构造裂缝越发育。因此利用沿层弯曲面的曲率值分布，可以评价因构造弯曲作用而产生纵张裂缝的发育情况。

曲率定义为给定曲线一点处正切圆的半径的倒数。传统的曲率计算方法有：倾角变化率法、散点圆弧法、曲线拟合法、极值主曲率法、垂直二次微商法等。近年来基于二阶导数的曲率计算，更前进了一步。

目前曲率属性包括面曲率和体曲率。面曲率是基于拾取界面的二阶导数，界面上任意一点有两个相互正交的曲线，一个代表最大曲率，另外一个代表最小曲率。曲率通常通过解释的层位，利用最小二乘法或其他逼近方法，拟合出二次曲面方程，从方程的系数可以推导出其他曲率度量，如最大曲率、最小曲率、平均曲率、主曲率、高斯曲率、倾角曲率、穿透曲率、形状指标、最多正曲率、最多负曲率等。

体曲率是一种根据 3D 地震数据体各个样点计算得到的几何属性，它对应的是地震反射体的弯曲和破碎特征。体曲率可直接由数据体，用面曲率一样的办法加以计算，区别在于它不是计算面上的各点，而是体中的各点。曲率计算分为 3

步：①对各个体样点，取一个小的面，让它在所定义的水平范围内一定的点周围移动，通过在中心道与各周围道之间的垂向分析窗，找出最大互相关值来确定面深度，此互相关是用抛物线拟合来确定最大互相关的精确移动来做反向内插的；②在分析所确定的范围内，用最小平方二次面 $Z(x, y)$，与垂向移动进行拟合；③最后，用经典的差分几何和由二次面的系数计算出曲率属性。体曲率可很好地检测和拾取断层和河道之类的地层特征，例如小断距正断层区域计算出的体曲率，能显示下盘边缘的高正曲率，反之，在上盘边缘显示的是高负曲率，这种高正、负曲率特征可用来解释小断距的断层。

根据弯曲薄板模拟得知构造面上一点最大主曲率反映该点裂缝发育程度，而最小主曲率方向指示裂缝走向，因此构造裂缝的分布问题化为构造面的主曲率计算问题。主曲率法是预测构造裂缝发育带的一种常用方法，该方法是在对层面数据（或构造图）网格化的基础上，可采用最小二乘法、趋势面拟合法或差分法进行曲率计算。

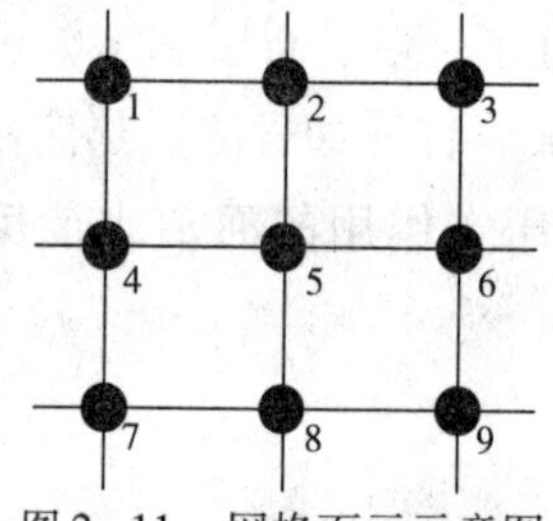

图 2-11　网格面元示意图

在采用最小二乘法计算时，为计算某一点的曲率，用周围 8 个网格点（图 2-11）的数值对局部进行拟合，再用相邻的 3 × 3 网格面元做逼近。Davis（1973）给出了构造面拟合的二次趋势面，其一般表达式为：

$$z(x,y) = ax^2 + by^2 + cxy + ey + f \tag{2-15}$$

上式中：

$$a = \frac{1}{2} \cdot \frac{\mathrm{d}^2 z}{\mathrm{d}x^2} = \frac{z_1 + z_3 + z_4 + z_6 + z_7 + z_9}{12\Delta x^2} - \frac{z_2 + z_5 + z_8}{6\Delta x^2}$$

$$b = \frac{1}{2} \cdot \frac{\mathrm{d}^2 z}{\mathrm{d}x^2} = \frac{z_1 + z_2 + z_3 + z_7 + z_8 + z_9}{12\Delta x^2} - \frac{z_4 + z_5 + z_6}{6\Delta x^2}$$

$$c = \frac{\mathrm{d}^2 z}{\mathrm{d}x\mathrm{d}y} = \frac{z_1 + z_2 - z_7 - z_9}{4\Delta x^2}$$

$$d = \frac{\mathrm{d}z}{\mathrm{d}x} = \frac{z_3 + z_6 + z_9 - z_1 - z_4 - z_7}{6\Delta x}$$

$$e = \frac{\mathrm{d}z}{\mathrm{d}y} = \frac{z_1 + z_2 + z_3 - z_7 - z_8 - z_9}{6\Delta x}$$

$$f = \frac{2(z_2 + z_4 + z_6 + z_8) - (z_1 + z_3 + z_7 + z_9) + 5z_5}{9}$$

利用上述公式可以计算出平均曲率 K_m、极大曲率(即最大曲率)K_{max} 和极小曲率(即最小曲率)K_{min}:

$$K_m = \frac{a(1+e^2)+b(1+d^2)-cde}{(1+d^2+e^2)^{\frac{3}{2}}} \tag{2-16}$$

$$K_g = \frac{4ab-c^2}{(1+d^2+c^2)^2} \tag{2-17}$$

$$K_{max} = K_m + \sqrt{K_m^2 - K_g} \tag{2-18}$$

$$K_{min} = K_m - \sqrt{K_m^2 - K_g} \tag{2-19}$$

最后可求得层面上任一点的曲率 K_i

$$K_i = K_{max}\cos^2\delta + K_{min}\sin^2\delta \tag{2-20}$$

式中，δ 是任一正交曲率 K_i 所在平面与最大曲率 K_{max} 所在平面之间的夹角。

在采用趋势面拟合法计算时，首先对构造图进行网格化，对构造面顶界进行构造趋势面拟合，当拟合度达到85%以上时，求得趋势面方程:

$$f(x,y) = A_x^3 + B_y^3 + C_{xy}^3 + D_{xy}^2 + E_{xy} + F_x^2 + G_y^2 + H_x + I_y + J \tag{2-21}$$

由上述构造面趋势方程按下述方法计算主曲率值:

$$\frac{1}{R_{1,2}} = (\frac{1}{r_x} + \frac{1}{r_y}) \pm \sqrt{\frac{1}{4}(\frac{1}{r_x} - \frac{1}{r_y})^2 + \frac{1}{r_{xy}}} \tag{2-22}$$

式中，$\frac{1}{r_x} = \frac{\partial^2 f(x,y)}{\partial x^2}$，$\frac{1}{r_y} = \frac{\partial^2 f(x,y)}{\partial y^2}$，$\frac{1}{r_{xy}} = \frac{\partial^2 f(x,y)}{\partial x \partial y}$。

根据计算结果，将平面上某点处的最大主曲率值进行作图，得到曲率分布图，然后进行裂缝评价。在进行裂缝发育区判断时，应结合实验数据计算出研究区的临界曲率大小。

2.3.3 曲率技术应用实践

构造层面的曲率值反映岩层弯曲程度的大小，因此岩层弯曲面的曲率值分布，可以用于评价因构造弯曲作用而产生的纵张裂缝的发育情况。计算岩层弯曲程度的方法很多，如采用主曲率法。根据计算结果，将平面上每点处的最大主曲率值进行作图，得到曲率分布图，进行裂缝分布评价。一般来讲，如果地层因受力变形越严重，其破裂程度可能越大，曲率值也应越高。由于曲率属性的检测尺度较小，对地层褶皱的敏感度比较高，可能受到噪声的影响，因此运用曲率体属性进行计算前，也同样可以做滤波去噪等预处理工作，其结果成像效果更好，对断层或裂缝的刻画更加清晰。

从FM研究区茅口组沿层曲率切片分析的结果分析(图2-12),研究区内裂缝呈网状分布、交错状展布,走向为北西向及近正北向为主,呈黑色、灰白色短线状、密集展布,平面上可以分为3个裂缝发育区,裂缝分布显示中北部、xl2井区附近的裂缝更为发育,裂缝纵横交错,沟通性较好并且裂缝发育强度较大;研究区西部xl1井、xl101井区裂缝的连通性、裂缝发育强度次之,局部发育比较大的断层。中南部有2个呈北西向条带状的裂缝发育区,fs1井钻遇裂缝较为发育带;在东部的feng18井区及fs1井附近的东部区域,有北东方向较小的逆断层发育(如图中的黑色长线状,位于fs1井与fs2井之间)。

总地来说,曲率属性对溶洞检测不理想,不能分辨出溶洞的外形边界(与相干属性对比),但对小型断层的计算结果比相干技术相对清晰,如图2-12中的①号断层比相干技术中的Ⅰ号断层的形态相对清楚,而相干技术中的Ⅰ号断层的边沿则相对模糊。所以,曲率及相干两种技术各自有优缺点,在实际应用中要加以注意,才能更好地解决缝洞型储层探测中遇到的问题。

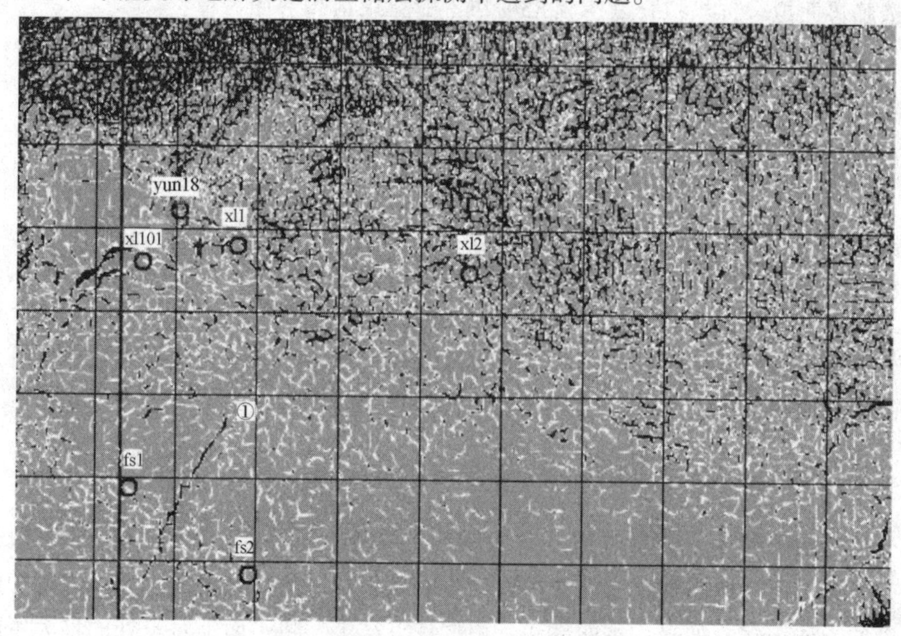

图2-12　FM地区三维地震工区茅口组曲率切片平面图

2.4　吸收衰减分析法

裂缝、溶孔以及其含油气性都会引起储层的孔隙度、饱和度、层速度和地震振幅、频率等属性的变化，从而引起地震吸收系数的变化。因此，利用地震能量吸收分析技术预测缝洞型储层的发育情况是可行的。

1）波在岩石中传播的吸收衰减属性

一般认为双相介质岩石由固体骨架和充满流体的孔、洞、缝组成。波在岩石中传播因摩擦（黏滞性、热传导）要损耗能量，固体质点运动也要损耗能量，统称内摩擦或内耗。内摩擦与应力循环有关，比如纵横波有周期性，应力变化也有周期性，在纵波传播的疏密带中，密带表现为压应力，则疏带就表现为张应力，如果单元体积内含有流体，且有缝隙与外界沟通，则会发生流体在压应力和张应力的交替作用下出现流体向单元外排出和向单元体内流进的现象，显然要消耗、损失能量。这说明波的衰减与周期（或频率）有关。

设 Δw 为一个周期内损耗的能量，w 为该周期内岩石应变达到极大时所贮存的能量，则 $\Delta w/w$ 定义为岩石能量的“损耗比”，$\Delta w/w$ 可通过较缓慢的加载和卸载实验测得。

损耗比反映了岩石的非弹性性质。可用吸收系数 α 或品质因子 Q 来度量。α 和 Q 有如下关系式：

$$\begin{cases} \dfrac{\Delta w}{w} = \dfrac{2\pi}{Q} = \dfrac{4\pi V\alpha}{\omega} \\ \dfrac{2\pi w}{\Delta w} = Q = \dfrac{\omega}{2V\alpha} \\ \dfrac{\omega\Delta w}{4\pi V w} = \dfrac{\omega}{2VQ} = \alpha \end{cases} \tag{2-23}$$

式中，V 为波速；ω 为圆频率，$\omega = 2\pi f$。

2）衰减系数 α 的度量

设波的初始振幅为 A_0，传播 x 距离后，其振幅 A 为：

$$A(x) = A_0 e^{-\alpha x} \tag{2-24}$$

则有

$$\alpha = -\frac{1}{x}\ln\frac{A(x)}{A_0} = -\frac{1}{A(x)}\frac{dA(x)}{dx} \tag{2-25}$$

式中，α 的单位为奈培/米（Np/m）。也可用分贝表示：$\alpha = [\mathrm{dB/m}] = -\dfrac{20}{x}\lg\dfrac{A(x)}{A_0}$，且，$\alpha[\mathrm{dB/m}] = 8.686\alpha[\mathrm{Np/m}]$，$\alpha[\mathrm{Np/m}] = 0.115\alpha[\mathrm{dB/m}]$。

在平面波的描述中常设

$$A(x,\ t) = A_0 e^{i(kx \pm \omega t)} \tag{2-26}$$

若设波在传播过程中有衰减，有时令 K 为复数，即 $K = K_r + i\alpha$，式中 α 为衰减系数，则式(2-26)变为：

$$A(x,\ t) = A_0 e^{-\alpha x} e^{i(K_r x \pm \omega t)} = A_0 \exp\left(\frac{-\omega x}{2VQ}\right) e^{i(K_r x \pm \omega t)} \tag{2-27}$$

在考虑波的吸收衰减的正演模拟中，常用此式。

3)衰减和储层矿物成分及孔、洞、缝等的关系

地震波在岩石中的衰减比在矿物中的衰减大，因为岩石(岩体)中有孔、洞、缝的结构面。大量的实验证明，孔隙、裂隙、孔洞对波的衰减很大，由于不同岩类的致密程度不同，对波的衰减也不同，岩石越致密，Q 值愈大，衰减系数(α)小；岩石愈疏松，Q 值愈小，衰减系数(α)愈大。例如方解石(矿物)的 $Q=1900$，而石灰岩(岩石)的 $Q=200$，两者相差近 10 倍。当然，不同岩石的 α 值最大可相差 107 倍。

在式(2-27)中我们假定波数 $K = K_r + i\alpha$，可否再假设 $\omega = \omega_r + i\beta$，或者再假定相速度：

$$V = \frac{\omega}{K} = V_r + ir \tag{2-28}$$

如果是这样，则 α、β、γ 均是不同意义的衰减常数，式(2-27)可重写为：

$$A(x,\ t) = A_0 e^{-\alpha x} e^{-\beta t} e^{i(K_r x + \omega_r t)} \tag{2-29}$$

式(2-29)说明波随距离 x 和时间 t 的增大都是衰减的。这与实际情况是相符的，与速度的色散也是相符的。一般情况下，认为波的衰减(α 或 β)与频率成正比，即低频波传得远，时间长；高频波传不远，时间短。

衰减与频率的关系有两种：

$$\alpha \sim f,\ \alpha \sim f^2 \tag{2-30}$$

后者适用于较疏松的岩石或土壤。此外，随温度升高，衰减加大；随压力升高，衰减减小；压力的影响大于温度的影响。

4)衰减的测量

波衰减的测量比较复杂、困难，因为衰减与地层岩石本身的性质有关，还与传播距离、球面扩散等因素有关，要得到与岩石性质有关的衰减值或品质因子，比较实用的是“谱比法”，现在重点介绍该方法的测试原理：

设平面波的振幅谱为：

$$A(f) = G(x) e^{-\alpha(f)x} e^{i(2\pi f t - kx)} \tag{2-31}$$

式中，f 为频率；x 为岩石样品的长度；$G(x)$ 为几何扩散因子，含球面扩散（无真正意义的平面波）、反射和散射等；$\alpha(f)$ 为与频率成正比的吸收系数，设 $\alpha = rf$，其中 r 为常数。

由式(2-23)得 $Q = \dfrac{\pi}{\alpha V}$。式中，$V$ 为波速。

为消除 $G(x)$ 的影响，要选择一个在几何形状、长度等方面与待测样品一样的参考样，测量超声波分别穿透测样和参考样（标样）的振幅谱，得参考样和测样的振幅谱为：

$$A_1(f) = G_1(x)\mathrm{e}^{-\alpha_1(f)x}\mathrm{e}^{i(2\pi ft-K_1x)} \tag{2-32}$$

$$A_2(f) = G_2(x)\mathrm{e}^{-\alpha_2(f)x}\mathrm{e}^{i(2\pi ft-K_2x)} \tag{2-33}$$

如果参考样和测样的波速近似相等，则波数 $k_1 \approx k_2$，两式相除得

$$\frac{A_1(f)}{A_2(f)} = \frac{G_1(x)}{G_2(x)}\mathrm{e}^{-(\gamma_1-\gamma_2)fx} \tag{2-34}$$

式(2-34)两边取对数得

$$\ln\frac{A_1(f)}{A_2(f)} = (\gamma_2 - \gamma_1)fx + \ln\frac{G_1(x)}{G_2(x)} \tag{2-35}$$

得

$$A = (\gamma_2 - \gamma_1)fx + B \tag{2-36}$$

先定测试频率 f，可通过最小二乘拟合，求得直线斜率 $\gamma_2 - \gamma_1$，由于标样的 Q 值为已知或无穷大（对铝样而言 $Q = 150000$，可视为无限大，则 γ_1 趋近于0）。于是可求得待测岩石样品的 γ 值（γ_2）。

5）衰减属性的作用

（1）衰减随岩石物性参数的变化而变化的程度比波速的相应变化要灵敏得多，包括振幅、频率、吸收等特性（动力学参数）均比波速、时差的变化要敏感。

（2）衰减直接反映岩石的微观特性，而波速直接反映岩石的宏观（总体的、平均的）特性，间接反映微观特性。而我们感兴趣的或有意义的，正是岩石的微观特性（孔隙度、渗透率、流体饱和度、裂缝分布、充填物等）。

2.4.1 吸收衰减的应用原理

由反射波法地震勘探原理可知，地震波在地下介质内的传播过程中，其信号的衰减因素很多，这些衰减因素主要表现为相邻岩相界面以及断层、裂缝及溶洞处的反射机理、同相介质中的球面扩散以及同相介质内的物性变化（含油、气、

水等），而这些因素中笔者最关心的是最后一种，即同相介质内的物性变化所引起的地震信号的衰减。

进行衰减属性分析的主要目的是通过属性标定将定量的地震衰减属性转化为储层特征，地震属性标定中最重要的是认识和识别能够反映地质意义和物理意义的具有稳定统计特征的属性。理论研究表明，与致密的单相地质体相比，当地质体中含流体如油、气或水时，会引起地震波能量的衰减；断层、裂缝、溶洞等的存在也会引起地震波的散射，造成地震能量的衰减。因此，衰减属性是指示地震波传播过程中衰减快慢的物理量，是一个相对的概念。通过衰减属性的分析可以反过来指示这些衰减因素存在的可能性和分布范围。这里的衰减属性分析就是要通过计算出的反映地震波衰减快慢的属性体来指示孔隙度的大小或裂缝的强度和分布范围。

瞬时谱分析技术提供了频率域地震波衰减属性分析的手段，一般来说，在高频段，在地质背景条件相同的情况下，由于孔隙度大或裂缝发育，使得地震波信号的能量衰减增大，与不衰减的频率域特征相比，衰减后的整个频带将向低频段收缩。能量衰减可以通过能量随频率的衰减梯度、指定能量比所对应的频率、指定频率段的能量比等物理参数来指示，不同的物理参数从不同的角度来反映孔隙度或裂缝发育情况。衰减梯度就是衰减属性其中之一，如图 2-13 箭头所示，它表示了高频段的地震波能量随频率的变化情况，它可以指示地震波在传播过程中衰减的快慢。

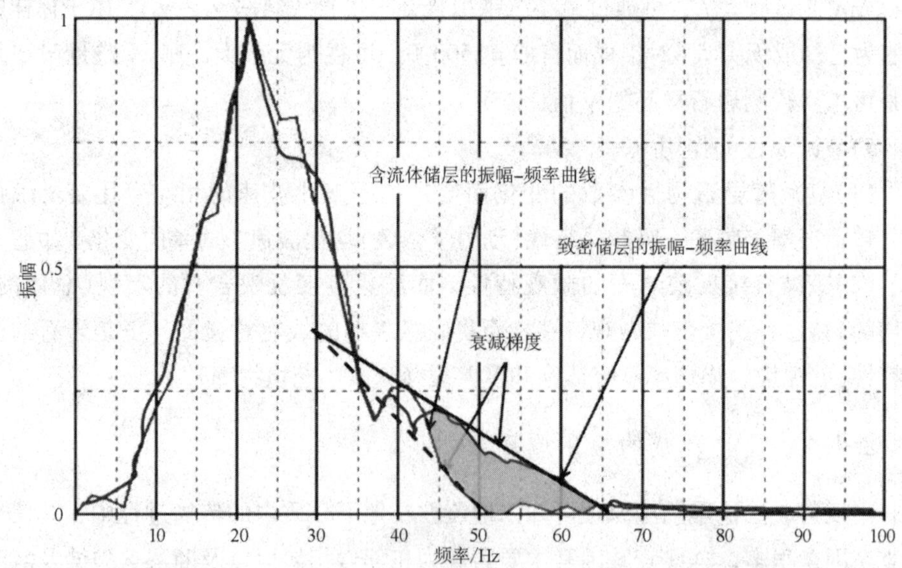

图 2-13　吸收衰减属性用于溶孔、裂缝等有利储层的检测

有关衰减属性计算都用到了叠后纯波数据，大多数衰减算法主要是通过小波变换，将地震资料从时间域转换到频率域，在频率域内检测其高频段的衰减（图2-14），其主要检测属性有以下几个：

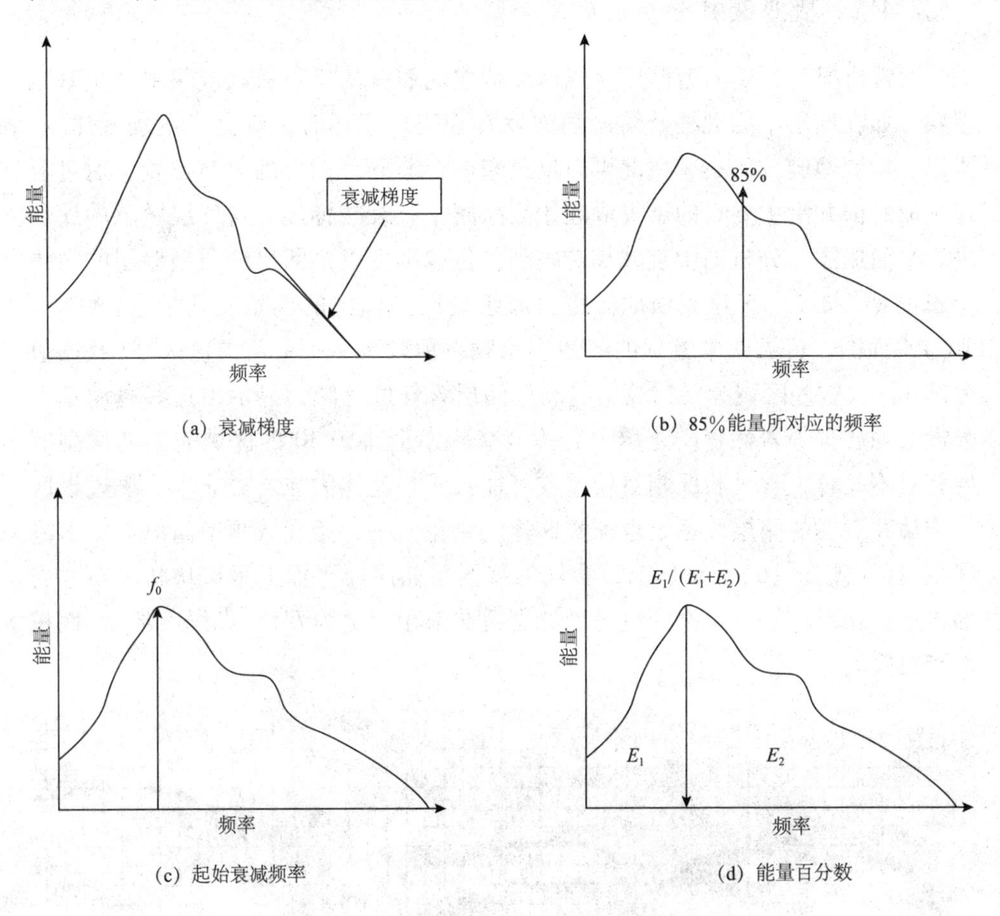

图2-14　地震波衰减属性的几个参数示意图

衰减梯度(ATN_GRT)，数据值一般在 -2 ~0，表示主频到最高有效频率之间的斜率，一般来讲，孔隙或裂缝含油气后高频段衰减较大，斜率增加，即负值越大。

起始衰减频率(ATN_FRQ)，即主频对应的频率，一般孔隙或裂缝含油气后高频衰减快，即该值较高时，含油气可能性大。

85%能量所对应的频率(FULL_FRQ)，即对能量积分，当能量达到85%时对应的频率，一般是孔隙或裂缝含油气后降低。

给定频率前面部分能量积分与总能量积分之比(ENG_RTO)，即能量百分比，孔隙或裂缝含油气后该值一般会增大。

2.4.2 吸收衰减分析法应用实践

通常情况下，缝洞型储层含气后会造成地震波的反射振幅或频率产生衰减现象，如在储层中的裂缝及溶洞强烈发育并充填流体时，就会产生衰减加剧。所以，检测地震波的衰减情况可以反过来确定缝洞型储层的分布位置。通过合理选取时窗并沿主要目的层提取起始衰减频率、衰减梯度等对气层敏感的属性进行平面成图，分析图中衰减相对剧烈的位置则可以推断出缝洞型储层的大体分布位置。图2-15是元坝地区雷口坡组缝洞型储层的起始衰减频率(ATN_FRQ)平面图，可见图中缝洞的起始衰减频率值较高——呈灰白色区域(数据值大于30)，这些区域为雷口坡组缝洞型储层含气的反映，显示出这些缝洞基本上没被泥质类等岩性物质充填。起始衰减频率值小于30的区域表明缝洞型储层相对不发育，含气状况相对较差或可能被不是流体的泥岩类充填。通过该区已知钻井资料的储层段标定也证实这样的结论——起始衰减频率高值对应于缝洞型储层(图2-16)。总体上，含气的缝洞型储层在平面上呈斑块状展布，局部连通性相对较好，南部的缝洞型储层比北部相对更为发育(虚线南部)，面积也相对较大。

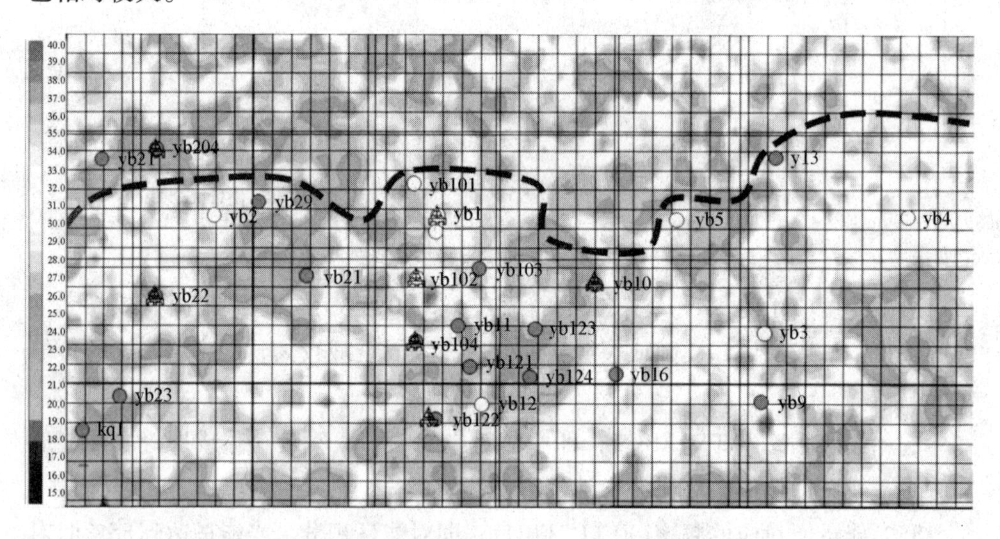

图2-15　元坝地区雷口坡组起始衰减频率(ATN_FRQ)沿层切片平面图

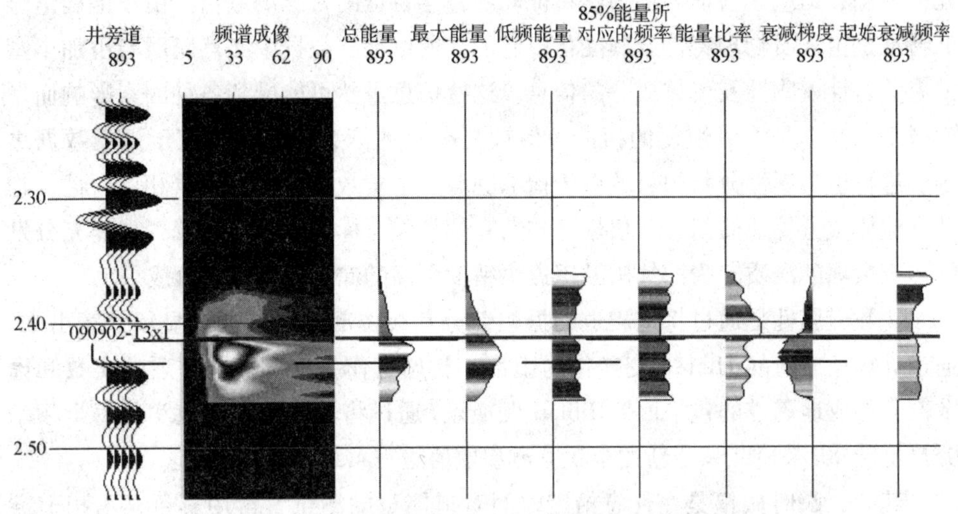

图 2-16 元坝地区 yb2 井雷口坡组相关地震属性提取示意图(虚线框内)

2.5 地震属性分析法

地层中裂缝、孔洞的存在造成了地震属性的变化，根据裂缝及孔洞敏感的地震属性的变化规律可进行缝洞型储层的预测。现阶段的地震属性种类繁多，Brown (1996)把地震属性归纳为时间、振幅、频率、衰减 4 个大类共 66 种，Quincy Chen (1997)把地震属性归纳为振幅、波形、频率、衰减、相位、相关、能量、比率 8 个大类共 91 种。从地震属性的实际应用来看，根据不同的研究目标、层系、岩性变化，结合地震属性的地质意义划分为：振幅统计类、频(能)谱统计类、相位统计类、复地震道类、层序统计类。可用于识别断裂、缝(洞)的传统地震属性有：振幅统计类(瞬时振幅、振幅总量、相邻峰值振幅之比、均方根振幅、平均振幅、平均绝对振幅、最大峰值振幅、平均峰值振幅、平均谷值振幅、最小谷值振幅)；频(能)谱统计类(瞬时频率、主频、峰值频率、平均能量、能量总体)；相位统计类(瞬时相位、余弦)；复地震道类(平均反射强度、平均瞬时相位、平均瞬时频率、反射强度斜率)；层序统计类(能量半衰时、正负样点比例、波峰数、波谷数)；相关统计类(相干、相似系数、相关峰态、平均信噪比、相关长度、相关分量)。

2.5.1 三瞬属性

地震属性是指由叠前或叠后地震数据，经过数学变换而导出的有关地震波的几何形态、运动学特征、动力学特征和统计学特征的特殊测量值。由于地震信号的特征是由岩石物理特性及其变化引起的，所以地震数据中必然隐藏着更加丰富的有关岩性、物性及流体成分的信息。这些信息虽然可能受到各种因素影响而发生畸变，甚至是不可恢复的扭曲，但被复杂化的信息确实是隐藏于地震数据之中。进行地震属性分析的目的在于拾取隐藏在地震数据中的有关岩相、岩性、物性和流体成分等地质信息，根据已知钻井信息作出标定和地质解释，从而充分发挥地震数据的潜质，为油气田勘探提供精度更高的储层预测和评价成果。

复数道属性是通过将地震道的振幅部分和相位部分分开独立显示计算出来。通过计算地震道的 Hiblert 变换作为虚部，初始道作为实部。合并后的实数和虚数部分形成地震道的包络面。Hiblert 变换是"通过将输入的地震道实部每个频率分量旋转 90°来追踪一个新的求积分道或虚值道"(Marfurt，2005)。

其中，瞬时振幅是在任意给定时间对道能量的测量，再用彩色显示相道突出显示亮点。这些亮点都是薄地层调谐、主要岩性变化和反射率变化的直接反映。瞬时相位是沿相道的即时相位，与道振幅无关。通过突出显示不整合、断层、横向地层变化，以及绘制子波变化和薄地层干涉图，瞬时相位可用于追踪反射体的连续性。实践经验已证明瞬时相位有助于突出显示与上覆烃类相关的低频阴影部分(Robertson 和 Fisher，1988)。瞬时频率属性的定义是通过对主频的估计，每个样点地求取的瞬时相位对时间的导数。此属性有助于识别异常的波形衰减和突出瞬时相位的类似特征。众所周知，油气储层会导致瞬时频率的高频分量下降。瞬时主频定义为最大振幅密度值，可作为对零值点频率的估计(Barnes，1993)。

三瞬属性最早由 Taner(1979)提出，通过复地震道的计算得到。设 $f(t)$ 是原始地震道，$\tilde{f}(t)$ 为 $f(t)$ 的 Hilbert 变换，则称 $g(t)=f(t)+i\tilde{f}(t)$ 为复地震道，$\tilde{f}(t)$ 常被称为正交道属性，三瞬属性的计算公式为：

瞬时振幅：

$$A(t)=\sqrt{f^2(t)+\tilde{f}^2(t)} \tag{2-37}$$

瞬时相位：

$$\phi(t)=\arctan\frac{\tilde{f}(t)}{f(t)} \tag{2-38}$$

瞬时频率：

$$\omega(t)=\frac{\mathrm{d}\phi(t)}{\mathrm{d}t} \tag{2-39}$$

从复地震道及三瞬属性变换还可以引申出瞬时振幅加速度、响应相位、响应频率、反射强度交流分量(perigram)及瞬时相位的余弦等属性。其中瞬时振幅属性称为反射强度或地震道包络属性。

FM 地区三维地震工区内茅口组储层属性分析主要应用 VVA 软件计算来实现，通过建立地层体进行属性的提取及分析。其地层体实质上是从原始地震数据体中提取出来的一个地震子体，并将叠后数据重组为等比例的切片，等比例接触类型可用于地层扁平、不具有主要的构造或沉积不连续性的沉积构造中。

根据解释的龙潭组底界 TP_2 的层位数据构建等比例地层体，如图 2-17 所示。以 TP_2 层位向上 10ms 到向下 15ms 为顶底界面，间隔为 5ms 创建地层体，并提取 TP_2 到 TP_2 向下 5ms 地层的地震属性。研究中主要提取了复数道属性、响应类属性等。

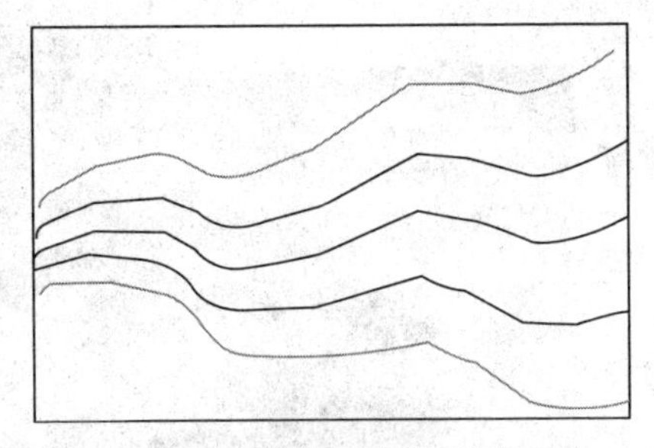

图 2-17　地层体等比例接触类型及切片示意图

前人对整个四川盆地钻遇茅口组的 1170 口探井的放空与漏失情况统计表明，中二叠统茅口组共计发生 110 次放空和 661 次井漏。从漏失深度上看，茅口组顶部以下 50～550m 范围内均有漏失，但漏失主要发生在距茅口组顶部以下 50m 范围内，占漏失总数的 25%，其次为其下 50～100m 范围内(江青春等，2012)。从提取的瞬时振幅属性平面图上(图 2-18)可以看出，茅口组储层段测试获得工业气流的 fs1 井位于强振幅区(瞬时振幅值大于 7800，图中的灰黑色　黑色区域)，而测试不含气的 xl2 井(瞬时振幅值约为 5230)位于相对较弱振幅区(瞬时振幅值小于 7800，图中的灰白色区域)，振幅差异及分区、分带特征明显，依据瞬时振幅可以大致划分出缝洞型储层的展布范围。相对强振幅区的茅口组储层有利展布区主要位于岩溶斜坡带及局部岩溶高地上，斜坡带呈北西向条带状展布，溶蚀作用较强烈、裂缝发育，为茅口组顶部储层勘探的有利区域，与古地貌分析结果较为一致，而西南部的岩溶洼地则瞬时振幅相对较弱(瞬时振幅值小于 5200)，为缝洞型储层不发育区域。

同时还提取了瞬时频率属性，属性平面图成果显示 fs1 井主要位于 40Hz 的属性分布范围，而 xl2 井位于相对较低的 30Hz 的属性分布范围，频率属性也表现出相对明显的差异。有利相带的 fs1 井区频率属性值相对较高，也表现为北西向条带状展布的特征。同时，在 xl3 井北部频率属性值变低为 30Hz 左右，与上述的振幅有利区展布不一致。分析认为，xl3 井北部区域可能由于次级微小断裂不发育，并非为储层有利发育区，储层主要发育于 fs1 井北西向条带上。

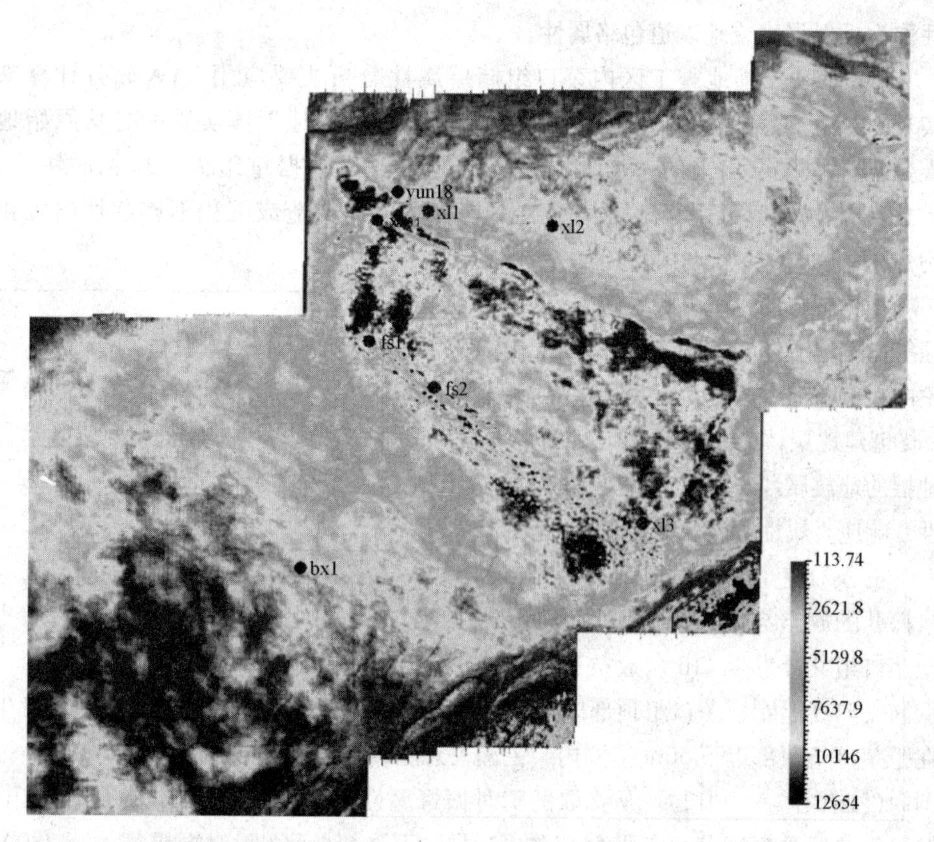

图 2-18　FM 地区三维地震工区内茅口组顶部瞬时振幅属性平面图

2.5.2　振幅谱梯度属性

振幅谱梯度属性是指地震资料在其有效频带内地震反射振幅随其频率的变化率，它是一种综合性地震属性，不仅包含了地震资料的振幅和频率属性，而且通过数学变换，将二者进行了有机的结合。因此，振幅谱梯度属性具有明确的地球物理含义，能够比较客观地揭示储层储集性能或流体属性的平面变化特征。目前，地震属性解释技术更多地依赖于多种地震属性数学统计关系，通常也能够解决一些地质问题，但其地球物理意义不是十分明确，数学关系不够严格。如今有关振幅衰减类属性的地质意义虽然清楚，但没有简洁、易行的属性计算方法，仍然处于定性分析的层面，而应用振幅谱梯度属性可以克服这些不足，为利用地震属性综合揭示储层特性提供了一种有效的分析方法。

2.5.2.1 理论基础

根据 Biot-Gassmann 理论，在低频情况下，地震资料反射波振幅与地震子波频率、岩石物性和流体性质有关。在此基础上，Silin 等将达西定律和动量定理引入 Biot 方程，推导出了地震反射系数与岩石骨架、岩石渗透率、岩石所含流体和地震波频率之间的近似计算公式：

$$R = R_{o} + R_{1}\sqrt{\tau - \tau\omega}\sqrt{\frac{\kappa\rho\omega}{\eta}} \tag{2-40}$$

式中，R 为岩石总反射系数；R_{o}、R_{1} 分别代表岩石骨架和储层流体反射系数；η 为流体黏度；κ 为岩石渗透率；ρ 为流体密度；ω 为地震波角频率；τ 为流体弛豫时间，$\tau > 1 > \omega$。优质储层是具有较高渗透率的地层，在不同的地区和不同的目的层段具有不同的划分标准，但都要求具有较高的渗透率。式(2-40)中的流体密度 ρ 和流体黏度 η 可通过钻井和实验室分析化验目的层地层流体的基本性质得到，而地层中流体特性的平面变化特征往往与目的层构造形态变化一致，但其变化范围往往小于一个数量级。相对而言，式(2-40)中的岩石渗透率 κ 值的变化范围都比较大，通常相差可达 2～3 个数量级，而且与构造形态无关。换言之，渗透率是影响地层非岩石骨架反射系数分量变化的主要因素。在油气勘探阶段，相同储集条件下的流体平面变化只与构造有关，储层渗透率的变化与构造形态无关。也就是说，通过与目的层构造特征的对比，可以识别出只与储层渗透率有关的地震属性分量。孔隙度和渗透率之间具有一定的统计关系，据此，应用式(2-40)进行高孔隙度和高渗透率的优质储层预测在理论上是可行的，核心是如何从式(2-40)中消除与储层物性和流体性质无关的地震属性分量。

2.5.2.2 振幅谱梯度属性计算

为了便于应用地震资料进行优质储层预测，必须先消除岩石骨架对地震反射的影响(R_{o})，由式(2-40)可知，岩石骨架反射系数与地震资料频率无关，而岩石物性和流体对地震资料的贡献大小与地震资料频率有关，通过对地震资料频率求偏导数，即可消除岩石骨架对地震响应的影响，振幅谱梯度的数学表达式为：

$$G(t, f) = \frac{\partial A(t, f)}{\partial f} = \lim_{\Delta f \to 0}\frac{A(t, f+\Delta f) - A(t, f-\Delta f)}{2\Delta f} \tag{2-41}$$

式中，$A(t, f)$ 即时间为 t、频率为 f 的地震反射振幅。

由于地层中岩石骨架的反射系数与地震子波频率无关，应用地震子波对式(2-40)进行褶积运算形成地震记录，在此基础上计算地震记录的振幅谱梯度，消除岩石骨架对地震属性的贡献及影响，获得只与储层渗透率和流体属性(密度、黏度)有关的地震属性，计算表达式如下：

$$G(t,\ f)=\frac{\partial A(t,\ f)}{\partial f}\approx-\sqrt{\frac{\kappa\rho}{\eta f}} \tag{2-42}$$

对式(2-42)两边平方并整理得

$$G^{2}(t,\ f)f\approx C\kappa \tag{2-43}$$

式中，C 为流体常数。

该方程将与地震资料相关的地震属性与油藏储层和流体有关的参数分离到方程的两边，为应用地震资料属性研究油藏储层物性和流体性质奠定了基础。式(2-43)左侧只与地震资料有关，该项数据通过对地震资料频谱分析和谱分解转换以及数值运算，计算出目的层段对应地震资料振幅谱梯度属性值。方程右侧参数 C 与油藏流体密度和黏度性质有关，可通过钻井及试油资料从实验室测试获得，其误差相对于渗透率的平面变化而言，可忽略不计。据此，结合区域地质背景和研究区地震资料特征，应用式(2-43)进行储层物性评价和预测高渗透性优质储层的平面展布特征在理论上是可行的。

2.5.2.3　实现步骤

在应用振幅谱梯度属性技术前，首先需要对地震资料进行分析。从地震资料分析结果表明，对应目的层段地震资料分辨率低、信噪比高、地震反射同相轴连续性好、频带宽(10～80Hz)，具备应用振幅谱梯度属性进行储层预测的条件(图2-19)。

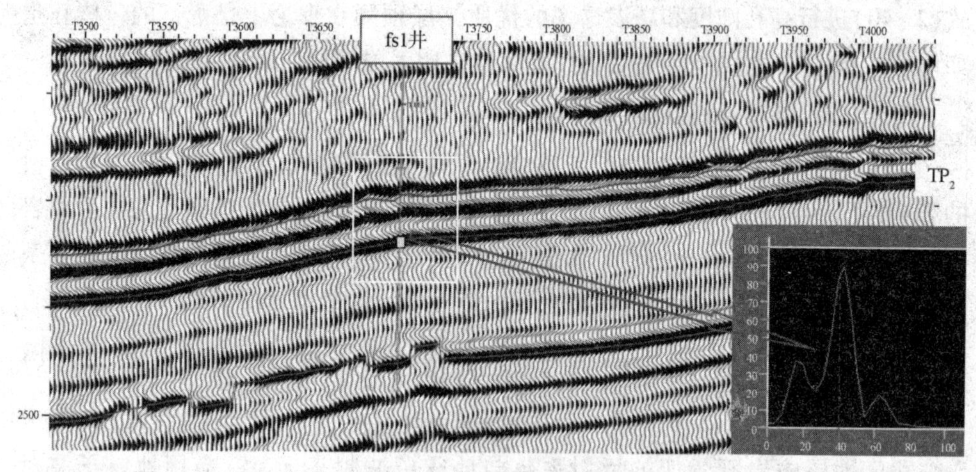

图2-19　FM地区过fs1井的三维地震剖面目的层段的频谱分析示意图

首先，对三维叠后地震数据进行分频去噪处理，本次处理主要是应用 Alpha

滤波技术，只对主频段的地震数据进行滤波处理，以其优势频带的频率预测算子外推低信噪比频段的去噪方法预测算子，不仅可以提高地震资料的信噪比与连续性，而且还有很强的恢复弱信号的能力，尤其是对高频弱信号的恢复尤为明显。

其次，应用振幅谱梯度属性的匹配追踪时频分析算法，该算法主要是将地震道信号进行分解，目的是把地震道分解为一系列不同频率、振幅各异的地震子波集，然后按照特定的组合方式，进行地震道数据重构。应用振幅谱梯度的匹配追踪时频分析技术，结合地震资料的有效频带，从20～60Hz每5Hz为一个采样频带，可以得到9个振幅梯度属性，进而结合工区的地质和综合测井资料筛选出最佳的优势振幅谱梯度属性。

2.5.2.4　实际应用效果

如图2-20所示为45Hz振幅谱梯度属性平面图，从图中可以看出，FM地区的缝洞型储层整体上呈北西向条带状展布（数据值大于700），以岩溶斜坡带的yun18井、xl1井为边界（图中北部虚线为①号边界），该边界以北的区域的振幅谱梯度值

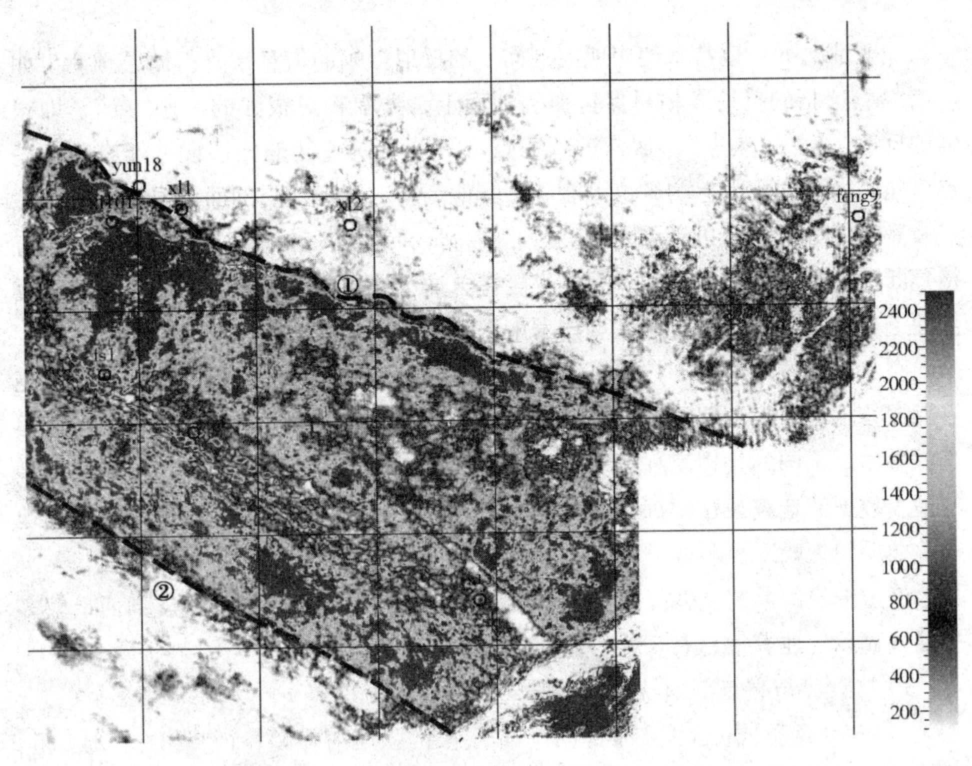

图2-20　45Hz振幅谱梯度属性平面图

较低(小于700)，如处于岩溶高地xl2井区振幅谱梯度值相对较低(小于400)，经钻井证实，岩溶储层不发育，裂缝相对发育但被充填。研究区的东部feng9井区左侧振幅谱梯度值也较低，小于300。①号边界南部发育北西向呈条带状分布的灰—灰黑色区域为振幅谱梯度相对高值区(700~1100)，为岩溶裂缝型储层发育的有利相带。经钻井资料和FMI测井资料证实fs1井钻遇岩溶缝洞储层，在fs1井区以南发育两套近似平行的成北西向串珠状结构，为岩溶缝洞储层的发育有利区。在xl101井区，振幅谱梯度属性值处于极大值，说明此处的岩溶储层发育。在②号界线的南部(图中南部虚线为②号边界)，有一片振幅谱梯度属性低值区，岩溶储层相对不发育。

结合前期的裂缝预测、古地貌分析及地震属性分析可知，振幅谱梯度属性可以较好地预测岩溶储层发育的有利区。

2.6 振幅反射特征

一般情况下，也常常使用地震剖面上的反射振幅的信息来进行储层预测。如所谓"亮点"指的是地震相对保持振幅剖面上，振幅相对很强的一些"点"，即很强的反射，也称"热点"，通常这些亮点应该位于研究区的储层段才能有效。亮点可能是由油气藏引起的，也可能源于其他因素。根据地震剖面储层段上有无亮点及亮点的分布，分析亮点附近反射波的特征，结合各种地层参数信息，可以直接判断地下是否有油气存在。亮点一般在含油气目的层、侵入岩、膏盐层的地震剖面上显示突出，当然应用亮点技术来识别油气层具有多解性。

亮点勘探技术对处理技术有很高的要求，做好地震数据的保真处理是利用亮点勘探技术来寻找油气藏的先决条件，但是，做好地震数据的保真处理是一件很难的事情。不同的处理流程、不同的处理参数、不同的处理人员、不同时间处理的地震数据的地震波振幅都可能不一样，甚至存在较大的差别，这也说明利用地震波的反射振幅来预测烃类存在比较严重的多解性。

经过大量的勘探实践发现，在地震勘探技术发展的现阶段，地震剖面上较多见油气显示的地震信息有8种，现分述如下：

1)"亮点"与亮点剖面特征(低速)

(1)相比两侧同一反射波同相轴，储层段的强反射振幅特征突出，形成"粗、黑"的强振幅剖面特征——直观、表面特征，如普光地区的飞仙关组及长兴组礁滩相储层所表现出来的亮点反射特征。

(2)在理论上，整个含油气储集层段的地震反射波同相轴组合特征成“透镜”或“眼睛”状，由于地震波传播过程影响条件的复杂性，一般情况下该类特征不突出，甚至很难看到，尤其在四川盆地陆相砂岩储集层厚度较小的条件下，“透镜”状地震反射波同相轴组合特征更难看到。

(3)在理论上，亮点出现在油气储集层的底界面上。

(4)在聚集了油气的储集层顶界面上，有时会出现类似“亮点”的强反射，这种强反射同亮点的根本差别是：只有当储集层与盖层的波阻抗差值大于正常状态下(储集层未聚油气)的波阻抗差值时才出现，但相位差180°，这类强反射两端出现了相位转换(极性反转)。在聚集了天然气的储集层顶界面上多出现这种反射特征，在任何情况下，在聚集了油气的储集层底界面上都不可能出现这种特征。

(5)火山岩层的顶界面都具有亮点反射波，但“亮点”位置及其伴随特征与油气储层相反。

2)“暗点”与暗点剖面特征

(1)暗点永远出现在储集层的顶界面反射中，它与储集层的底界面亮点反射轴组成“透镜”或“眼睛”状波组外形。

(2)相比“暗点”两侧同一反射波同相轴，储层反射的弱振幅特征极其突出，在两侧强反射波同相轴间，由渐变到见不到同相轴状态。

(3)在任何情况下，在聚集了油气的储集层底界面上都不可能出现这种特征，与火山岩正好相反。

3)“平点”与平点剖面特征

(1)流体的存在状态决定了平点永远具有水平产状的特点(在一些情况下也出现倾斜的平点，缘于流动的地层水作用)。

(2)依理论推理，在平点的中心部位应出现“下凹”的同相轴下弯现象，原因是这里的油气充满高度最大(速度降低、时间增大)。

(3)在平点反射波同相轴与油气层顶面反射波相交处，将发生振幅增大或减小等波的“干涉”现象，干涉点在响应流体的分界线(面)与储集层的顶界面交点处，也是储集层的顶界面反射中“暗点”或“相位转移”出现的地方，如四川盆地某勘探区内的须二段砂岩含气储层的地震反射具有“平点+亮点”的特征。

(4)在任何情况下，平点是亮点。

4)油气储集层的低频反射波特征

储集层的孔隙度和储集层中的石油、天然气等流体都具有吸收地震波高频成分的能力，高频成分被吸收的数量与储集层的孔隙度、石油、天然气等流体及其充满程度成正比关系，但在一般地震剖面上不多见，因为在多种因素制约下，正常聚集条件和油气的一般聚集程度造成的地震波频率下降幅度远达不到现有正常剖面上显示出来(50Hz 分辨率)的下降幅度，只有在储集层聚集条件相当好(孔隙发育)聚集流体充满程度相当高、吸收地震波高频相当强的条件下，低频特征才有可能显现出来。

5)极性反转特征

油气藏顶界面反射强度由“暗点”变为“亮点”的条件下，在油藏外边界部位出现的一种地震负反射特征。

6)聚集油气的储集层部位地震同相轴的形变特征

这是油气层在特定条件下的地震反射波同相轴特征：在油气藏(储集层)厚度不大且单独存在时；油气藏的油气柱很大时；在储集层特定的地质条件下，聚集的油气对它的物性改变程度不高或极高时等。在其特定的部位，地震反射波发生了相应的形态变化：使油气藏底界面反射波同相轴“曲率”变小，甚至形成“负背斜”；在其翼部发生“台阶式”转折等。在地震剖面上常见的特征是：

(1)倾角变化特征：油气藏底界面反射波同相轴的倾角从某点开始向上倾方向变小，甚至变成“水平”产状。反射波同相轴的这种变化，反映了储集层的倾角不大或油气的充满程度不高或油气层厚度不大，是聚集的油气对储集层速度影响而形成的各种相应地震信息相互叠合的表现。

(2)负背斜特征：它是聚集油气使储集层倾角发生变化达“极点”之后，进一步发生变化的一种表现形式，是一种特例。多见于储集层厚度较厚、聚集油或气的厚度也较大、储集参数也极好的油气藏，在地震剖面上的反射波特征是：在背斜构造的储集层底界面发生同相轴的大幅“下凹”现象，甚至为“杂乱”反射。

(3)同相轴的“喇叭口”组合剖面特征：这是含油气储集层反射波同相轴产状发生变化后，与上覆(或下伏)不含油气地层的地震反射波同相轴的剖面组合特征(实际是储集层含油气之后的产状变化)，在储集层的上覆部位，“喇叭口”的开口方向指向油气藏的主体部位。

储集层储集条件变好、储集油气等造成的储集层产状变化，实质上是两种极端的反映：①储集层厚度不大，油气对储集层物性的影响程度不高；②油气柱高度很大，油气对储集层物性的影响程度极高。前者出现油气藏的反射倾角变小，后者出现油气藏底界面的“负背斜”。

7)特征地震剖面上的地震油气显示

聚集特征变好的储集层、聚集了油气的储集层都应有相伴随的地震信息的产生或变化。理论推导认为，这种信息的强度与储集层聚集参数变好的程度、储集层聚集的流体的性质和充满程度有关，且互成正比例关系。然而，在地震剖面上，并不是在所有油气藏范围内都能见到相应的地震信息，能见到的部分也随油气藏不同而出现油气显示信息数量、性质的差异。究其原因，除了这类地震信息的强度之外，多方面的地震地质因素的干扰是主要的。为了获得这种状态下的地震油气显示信息，对地震资料应进行消除干扰、突出地震油气显示信息的特殊处理，以期获得反映油气特征的速度、振幅、频率、亮点、暗点、平点等信息。在这类特征剖面上，相应地震信息的特征可被明显地展现出来，从而提高研究成果的精度。

8)储集层聚集质量变好部位与聚集了油气部位的地震信息比较

储集层的聚集条件在横向上变好和储集层聚集了油气，对它们之中传播的地震波影响是相同的(形式和变化方向)，它们都要使相应部位的地震波速度下降，形成由此伴生的各种地震信息，但其影响程度的差异也是客观存在的，由此产生了在地震剖面上的差异。

在连续的储集层中，聚集参数的横向变化主要形成于储集层沉积时期沉积条件的横向变化和后期成岩作用的横向差异。储集层聚集条件的这种变化历程证实：它的聚集参数的横向变化是渐变的，基本上不存在突变的界线。在这种变化形式的作用下，相应的地震信息特征在横向上并不明显。

储集层中聚集了油气对储集层物性的影响后果特别明显：①油气等流体永远聚集在储集层的顶部，并有明显的流体底界面；②不同流体之间的分界线明显。流体对储集层物性影响具有突变性，共存于同一储集层中、不同性质的流体对储集层物性影响的“顺序”明显、界限清晰等。这种影响的“突变性”使随之产生的地震信息特征突出，与未聚集油气储集层的相应变化形成明显对照。储集层聚集物性在横向上的变化、储集层内部充填油气对储集层物性影响方向相同，伴生地震信息性质相同，但影响程度有差异，储集层内部充填油气对储集层物性影响(地震油气显示)较大。

2.6.1 缝洞模型正演分析

以川东南地区茅口组的缝洞模型进行正演分析显示，基本上发育“两种”类型，共计“五种”岩溶缝洞地震响应模式。“两种”类型即风化壳岩溶型储层和构造岩溶复合型储层。风化壳岩溶型储层是在东吴运动整体抬升风化剥蚀过程中发生岩溶所形成的，岩溶作用主要发生在垂直渗流带及水平潜流带；构造岩溶复合型储层为后期构造运动形成的褶皱和断裂与早期岩溶叠合改造而成。茅口组岩溶缝洞储层发育主要受古地貌和断层、裂缝共同控制，东吴运动时期，上覆泥页岩成岩酸性水及其他流体沿天窗部位（风化壳、裂缝、断裂）进入下伏的灰岩地层，对溶蚀性较强的岩石选择性地溶蚀，形成较大的溶蚀孔洞，形成独立的缝洞体。

风化壳岩溶型根据地震反射特征可分为“上弱下强”型、“平亮点”型和“溶孔”型三类；构造岩溶复合型可分为“斜亮点”型和“上凸下凹”型两类。分别对上述“两类五种”地震响应模式作了正演分析。

2.6.2 缝洞反射特征分析

根据川东南地区相关的钻遇茅口组的钻井资料及地震剖面上的波组反射特征相结合进行分析，结果显示缝洞型储层的地震反射特征有如下几种：

(1)斜亮点型。在川南部分的钻井地震剖面中见到茅口组顶斜向相交的中强振幅反射（斜形亮点）。主要是龙潭组煤系地层与茅口组灰岩形成 TP_2 强波峰反射，合成记录标定结果显示茅口组缝洞型储层位置主要发育在强波峰之下约150m 范围内，如 ls1 井钻遇斜亮点型储层，缝洞型储层位于 TP_2 强波峰之下的波谷——断层反射的斜亮点波峰。正演模型在茅口组顶部设计一小断层。假设上覆龙潭组煤系地层的层速度为5000m/s，茅口组灰岩的层速度为6200m/s，缝洞体的层速度为5600m/s。模型正演结果显示，缝洞体底界出现较强振幅的反射斜亮点，并向上斜交于茅口组顶界 TP_2 反射层上。如图 2-21 所示，ls1 井为典型的斜亮点型井，该井在茅口组钻获高产的工业气流。

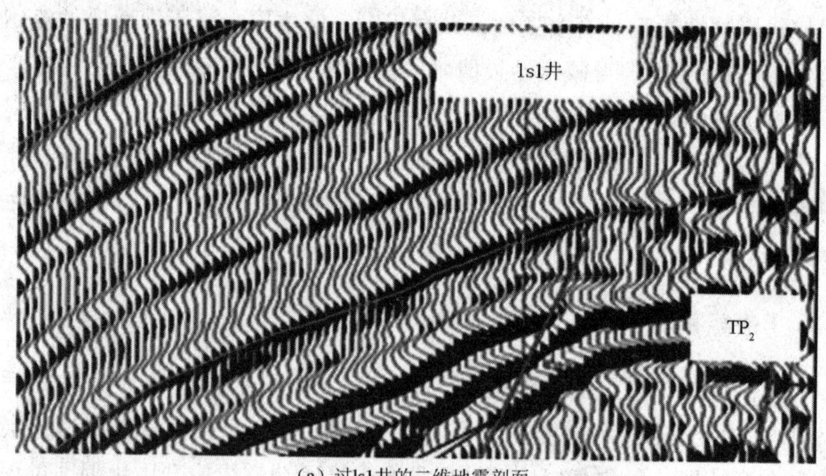

(a) 过ls1井的二维地震剖面
（图中的虚线区域为“斜亮点型”反射特征）

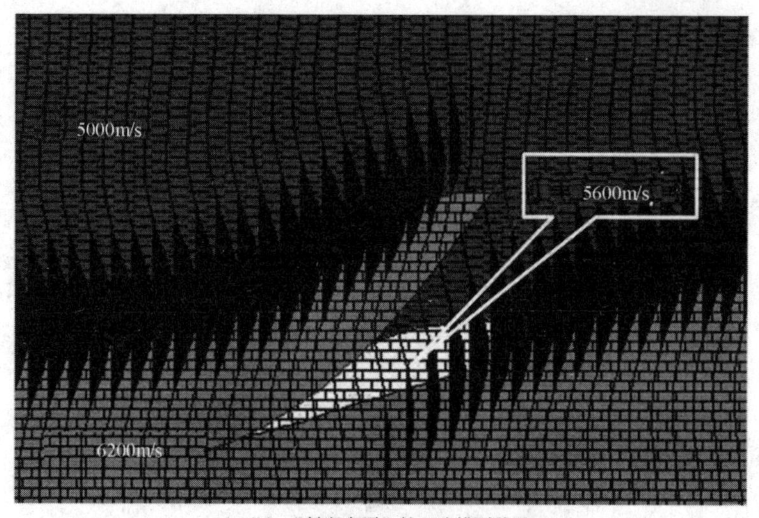

(b)“斜亮点型”的正演模型结果

图 2-21 斜亮点型地震剖面及正演模型

(2)透镜型。该反射特征为在一些二维地震测线上见到茅口组顶部的第②或第③个相位下拉，呈透镜状，有时内部出现平点。正演模型设计主要在茅口组顶部设计一个“上凸下凹”的透镜状缝洞体，缝洞体取层速度为5600m/s，上下围岩的层速度分别为5000m/s 和6200 m/s。由于缝洞体速度较低，它与上覆更低速的龙潭组煤系地层之间的速度差变小，因而缝洞体顶界振幅变弱。其底界位于茅口组内部，由于缝洞体与下伏灰岩存在较大速度差异，于是形成较强振幅的地震反射——亮点，形成“上凸下凹”型的外形，如图 2-22 所示。

(a) 过“透镜型”的二维地震剖面
(图中的虚线区域为“透镜型”反射特征)

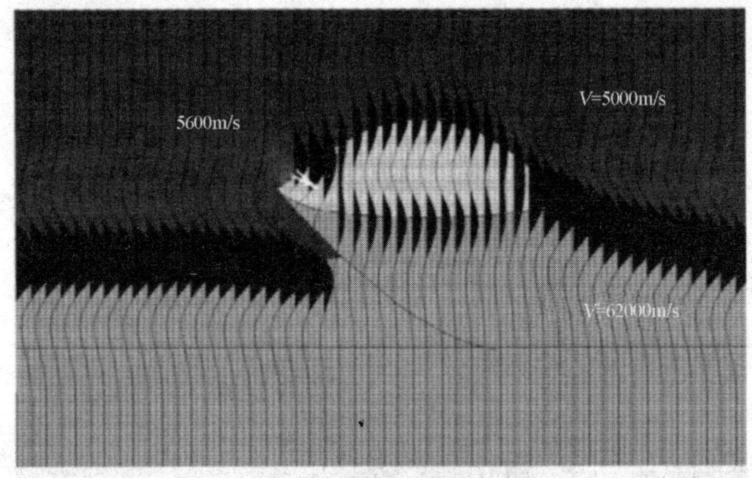

（b）“透镜型”的正演模型结果

图 2-22　透镜型地震剖面及正演模型

(3)上弱下强型。该反射特征为在一些二维地震测线上见到茅口组顶部的断续、波状、扭曲形的反射特征。“上弱下强”型岩溶缝洞储层主要位于茅口组中上部，其发育位置相对“fs1 井型”储层更靠下，该类型储层主要发育在岩溶斜坡带，受水平潜流作用控制。储层段 TP_2 底界强反射界面变弱，下部伴随有中强反射同相轴，储层位于该同相轴波峰至其上波谷段。地震剖面上表现为 TP_2 底部能量不连续，出现一组“上弱下强”双相位组合，伴随有复波分叉合并的特征，称之为“上弱下强”。K 地区 M 井为“上弱下强”型储层的典型井(图 2-23)，该井在茅口组钻获 $117.96\times10^4m^3/d$ 的工业气流。

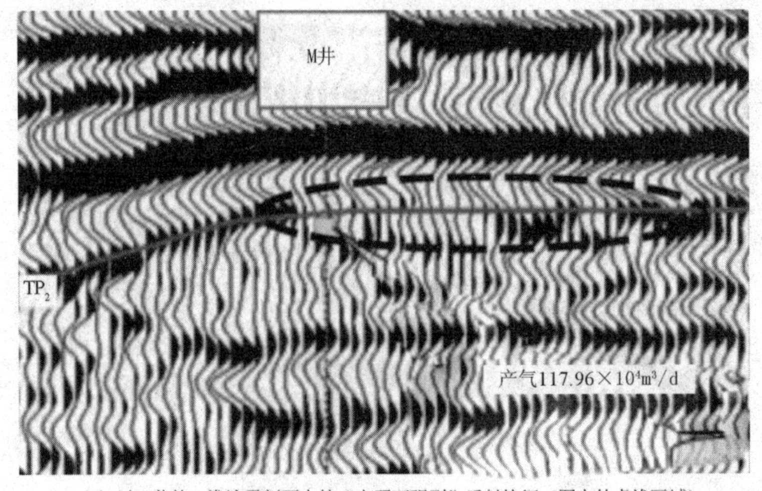

(a) 过M井的二维地震剖面中的“上弱下强型”反射特征（图中的虚线区域）

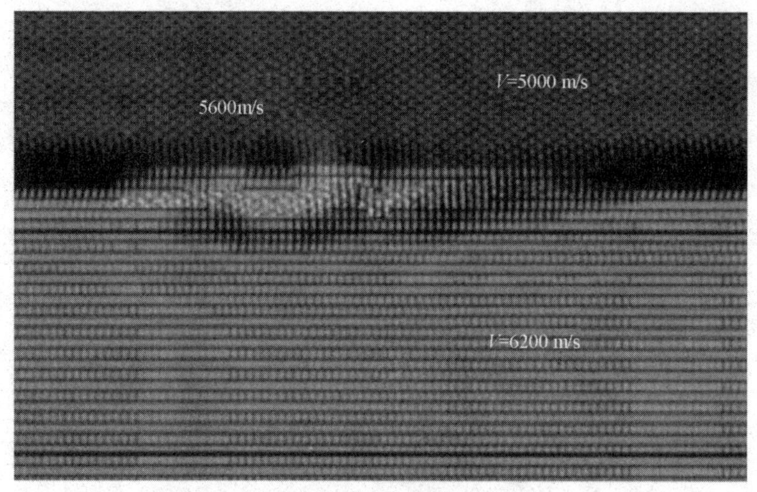

（b）“上弱下强型”的正演模型结果

图 2-23 上弱下强型地震剖面及正演模型

(4)平亮点型。茅口组地层产状近于水平的一段强反射同相轴的地震异常体。它是茅口组碳酸盐岩溶蚀作用形成的缝洞体，由于上下岩石物性差异较大，而形成的较强反射同相轴。因其产状水平，反射振幅较强，所以地震剖面上表现为平亮点特征。该类型储层发育部位与“豆荚状”岩溶缝洞储层类似，均靠近 TP_2 底界。若在地震剖面 TP_2 底界以下过深的部位(达 18ms 以上)出现平行强反射，该强反射为茅口组内部灰岩岩性变化所致，并非此类储层的反射(图 2-24)，FM 地区的 fs1 井 TP_2 底界以下的中强平行反射并非储层响应，识别过程中要加以详细区分。

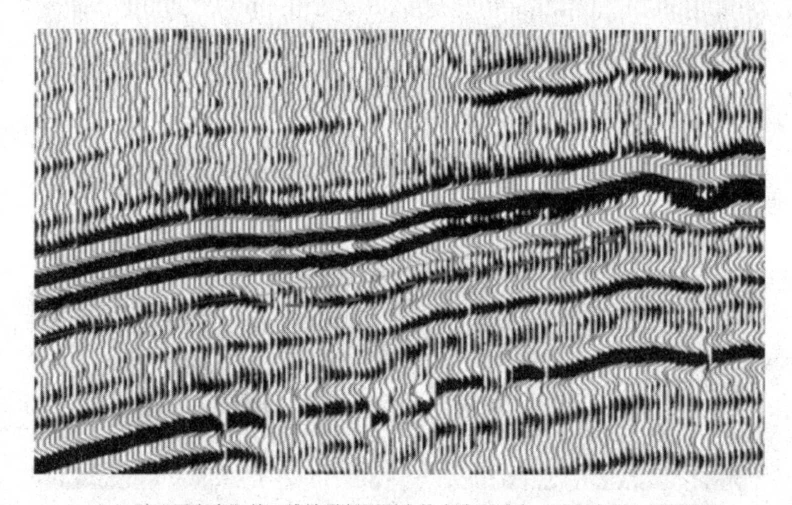

（a）过“平亮点”的二维地震剖面图中的虚线区域为“平亮点型”反射特征

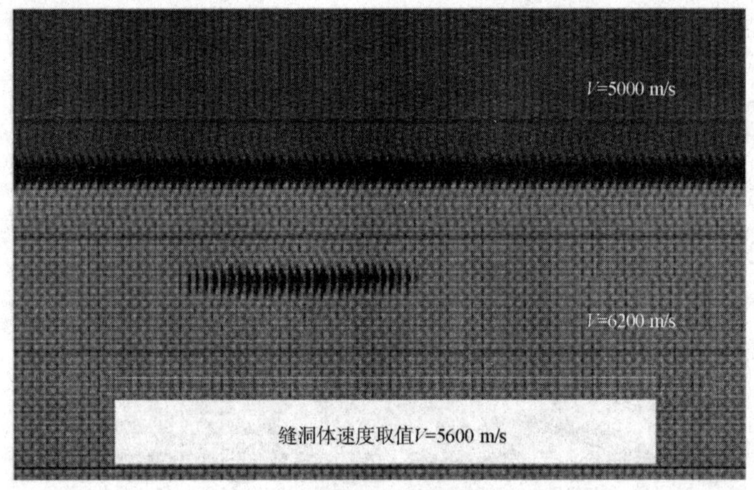

（b）平亮点型的正演模型结果

图 2-24　平亮点型地震剖面及正演模型

(5)眼球状。在茅口组顶部设计一个溶蚀孔洞，溶蚀孔洞取层速度为5600m/s，上下围岩层速度分别取5000m/s和6200 m/s。模型正演结果表现为同相轴出现分叉合并，并出现极性反转的特征，两强波峰夹一强波谷的地震反射特征。相比下部围岩的层速度该溶孔体的速度降低，其顶部与上覆围岩反射振幅减弱，并出现反射轴上拉现象，造成了茅口组顶部反射层位极性反转；同时溶孔体与下部围岩的速度差异造成了溶孔底部地震反射轴的出现(图 2-25)。

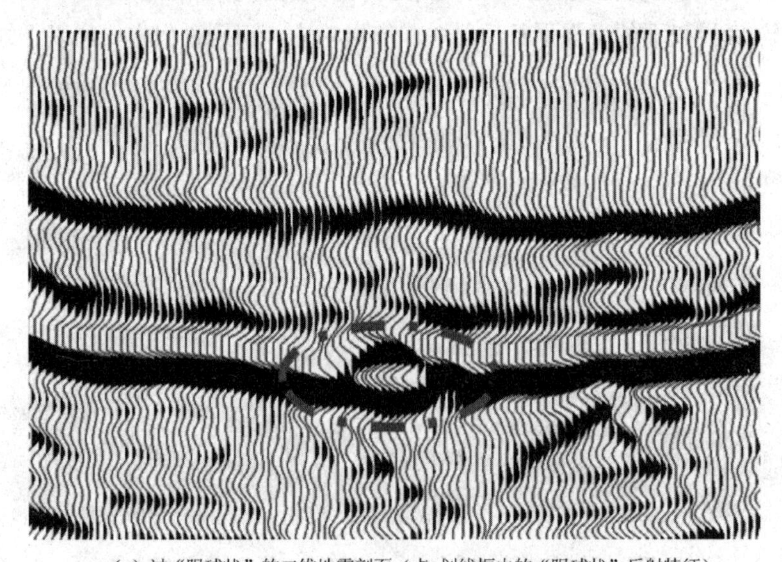

（a）过“眼球状”的二维地震剖面（点-划线框内的“眼球状”反射特征）

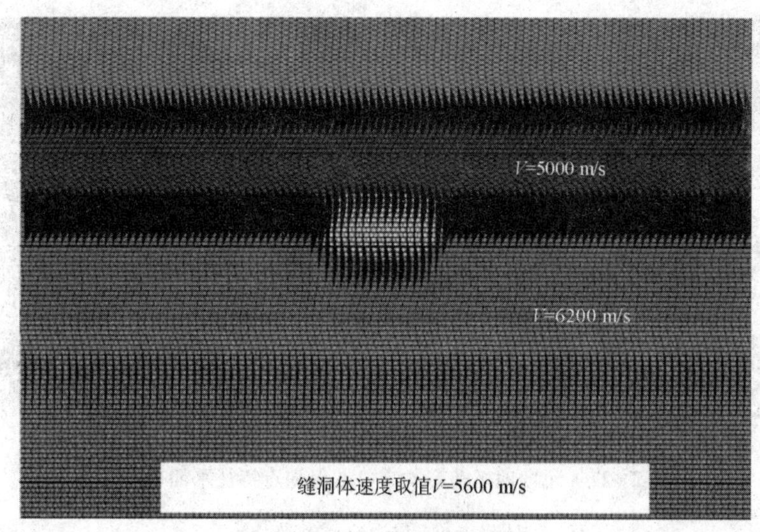

(b) “眼球状”的正演模型结果

图 2-25 眼球状地震剖面及正演模型

在元坝地区的雷口坡组缝洞型储层的地震反射特征分析显示，也出现缝洞型储层的底部具有亮点反射特征(图 2-26)。根据这一特征进行全区的雷口坡组储层的人工追踪解释，解释过程中从已知井处出发，根据亮点特征实施由粗网格到细网格的解释，得到相关的缝洞型储层大致分布位置(图 2-27，图中灰白色网格线区域)，所得的结果显示与钻井资料的吻合度相对不高(主要解释为存在人的主观性)，这也表明利用反射特征(如亮点)来预测缝洞型储层的准确度值得商榷，在实际应用中要加以注意，并利用相关的技术成果来验证，确定是否为真正的缝洞型储层的响应。

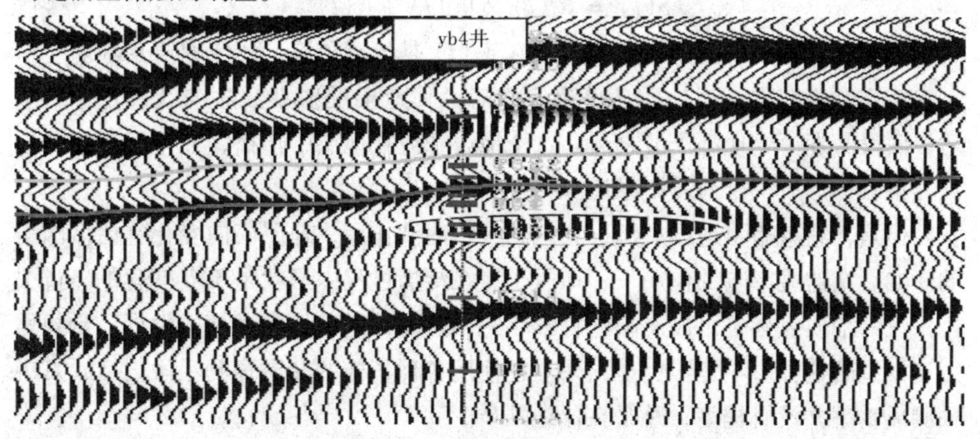

图 2-26 yb 井地震剖面及亮点特征位置(虚线框内的“亮点”特征)

图 2-27　元坝地区解释的雷口坡组亮点特征平面分布图

2.7　多子波分解与重构

2.7.1　多子波分解与重构原理

目前，常规地震信号处理中所用的方法都是基于常规地震道模型，在常规地震道中所做的储层标定、地质建模、储层预测及地震反演等。但实际上这种假设存在着很大局限性。

常规地震资料的地震道被定义为一个地震子波与一个地层反射系数序列的褶积。常规地震道的模型为：

$$S(t) = R_{\iota}(t) \times W_{\iota}(t) + N(t) \tag{2-44}$$

式中，$R_{\iota}(t)$ 是地层反射系数序列函数；$W_{\iota}(t)$ 是地震子波；$N(t)$ 是噪声项。

在这个模型中，当地质条件确定之后，其地层反射系数序列就确定了。然后，假设激发一个地震子波之后，这个地震子波在地层中传播，发生反射后被检波器接收，形成一个地震记录道。

但是，它忽略了地震震源、大地的吸收滤波作用、地层横向变化等诸多因素的影响。在这些影响的作用下，地震子波在传播过程中形状是不断变化的。过去勘探大的地质目标是可以忽略这种影响的。然而，随着地震勘探的发展，常规地震道模型的这种影响逐步突显出来。在使用各种各样的储层预测手段之后，发现预测成功率并没有提高，总是在原地踏步。

因此，提出了一种新的模型——多子波地震道模型。在多子波地震道模型中，地震子波的形状在每发生一次反射时都会发生变化，而地震道就是将这些所有的反射对应叠加而成的。

$$S(t) = \sum_{\iota=1}^{N} W_{\iota}(t) \times R_{\iota}(t) + N(t) \tag{2-45}$$

式中，$W_{\iota}(t)$ 为第 ι 个反射层处的地震子波；$R_{\iota}(t)$ 是对应的反射系数；$N(t)$ 是噪声项。

图 2-28 为多子波分解与重构的层状地层模型与反射系数序列分解示意图，第一列[图 2-28(a)]的模型为层状地层模型，其中 V_i 表示所在的第 i 层的速度；ρ_i 表示所在的第 i 层的密度。图 2-28(b)所示的序列表示深度域的反射系数序列，每个反射系数的位置与速度分界点的位置一致。图 2-28(c)的模型表示时间域的反射系数序列的分解模型，由一个反射系数序列分解成多个对应的反射系数列。对时间域的反射系数序列分开表示，使得每一个新的反射系数序列只包含一个非零的反射系数，而原来的反射系数序列就等于所有新的反射系数序列的叠加。将反射系数序列分出新的反射系数序列，$R_1(t)$,$R_2(t)$,…,$R_5(t)$，而原来的反射系数序列为：

$$R(t) = \sum_{\iota=1}^{5} R_{\iota}(t)$$

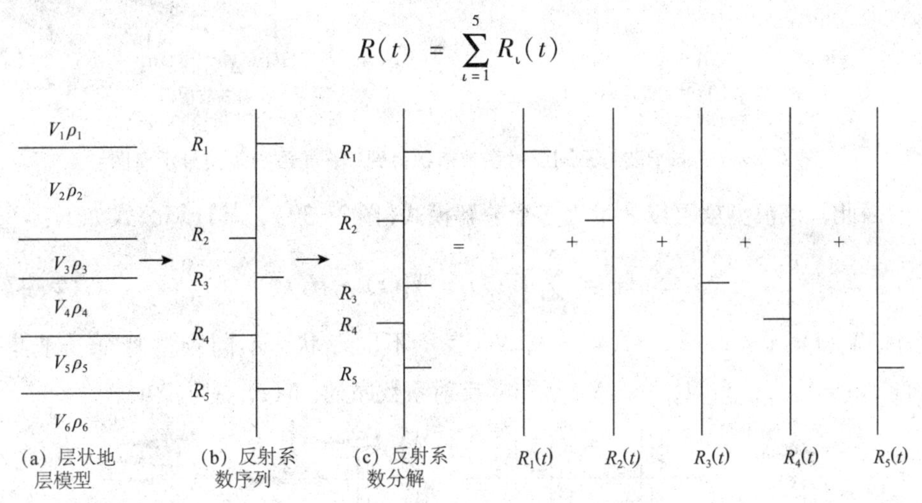

图 2-28 层状地层模型与反射系数序列分解

假设 $W_1(t)$,$W_2(t)$,…,$W_5(t)$ 代表一组不同形状的子波，分别与分解后的单一反射序列 $R_1(t)$,$R_2(t)$,…,$R_5(t)$ 进行褶积，得到一组地震反射信号序列，$S_{\iota}(t) = R_{\iota}(t) \times W_{\iota}(t) + N(t)$，$\iota$ =1，2，3，4，5，计算过程及结果如图 2-29 所示。

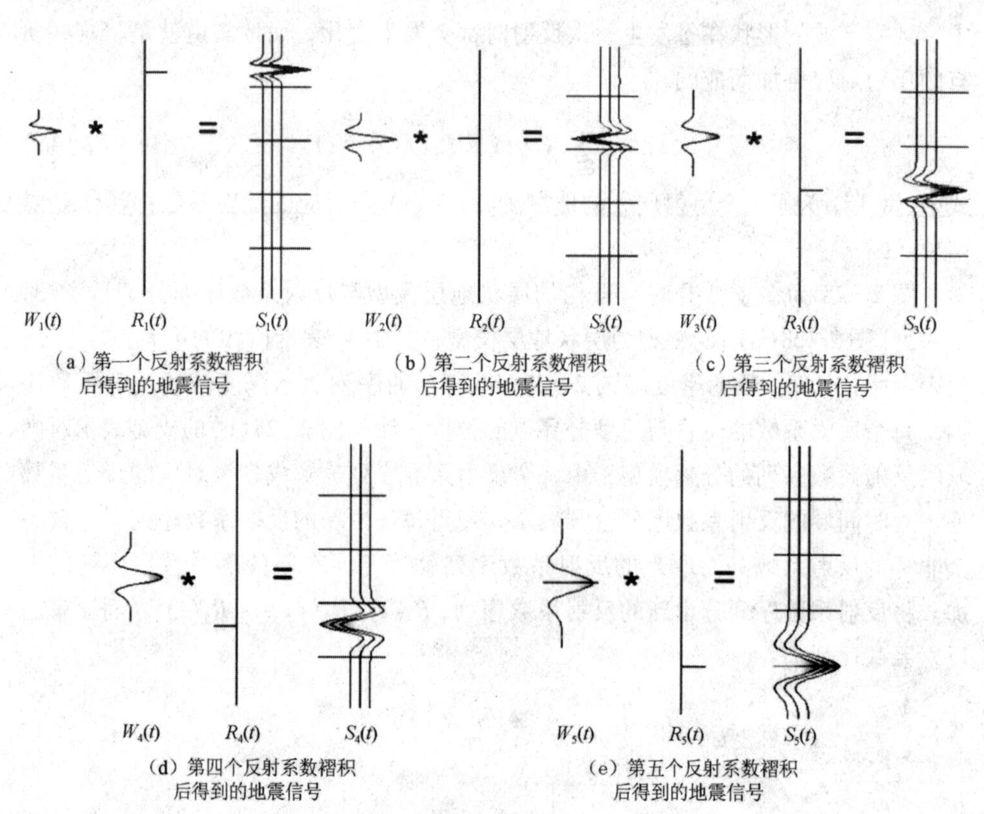

图 2-29　不同子波与不同反射系数褶积得到单一子波地震信号示意图

因此，该模型就可以表示为多个分解模式(图 2-30)，其计算公式如下：

$$S(t) = \sum_{\iota=1}^{N} R_{\iota}(t) \times W_{\iota}(t) + N(t) \tag{2-47}$$

式中，$W_{\iota}(t)$ ($\iota = 1, 2, 3, 4, \cdots, N$) 表示不同形状、不同频谱特征子波集；$R_{\iota}(t)$ ($\iota = 1, 2, 3, 4, \cdots, N$) 是非零反射系数序列；$N(t)$ 是噪声项。

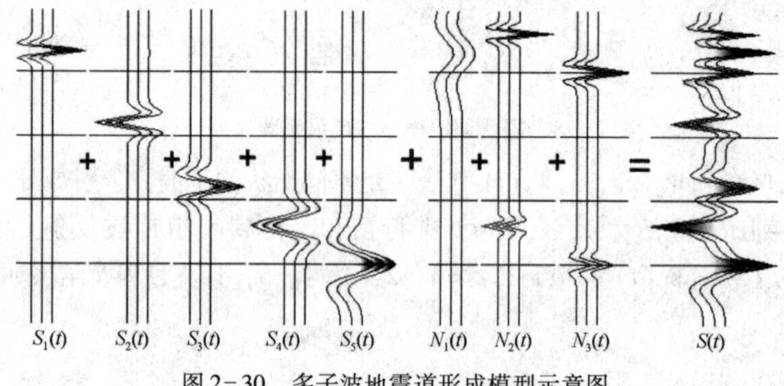

图 2-30　多子波地震道形成模型示意图

因此，地震道子波分解就是把一个地震道分解为不同频率、不同振幅的子波集合。地震道子波的分解过程是可逆的，将这些分解的子波叠加即得到原始的地震道。

多子波分解与重构技术的应用可以分为两个步骤。第一步，将常规的叠后数据进行子波分解，将地震数据中的波谱分解成不同主频的雷克子波集合；第二步，对分解所得到的地震子波谱进行重构分析。

地震子波重构就是将地震道分解得来的具有不同主频和不同振幅的子波，保持它们分解后的位置不变，重新叠加，从而形成一个新的地震道。

进行多子波重构地震道时如何合理地选取地震子波，是重构成败的关键，在子波重构中应特别注意以下几点：

(1)在钻井较多，而且在目的层段中包含储层，钻井在工区里分布均匀。在井含储层的地方，保留了储层的地球物理响应；在其他不含储层的井处，通过筛选子波，使其不包含任何信号，或者包含尽可能少的信号。综合研究区内所有井的储层情况，确定只包含了储层的地球物理响应的子波组合参数。那么，会不会出现总是不能所有井都吻合的情况呢？比较少，但是有可能的。在这种情况下，首先要分析井的分布，是否范围太大，使得即使是同一响应，但并不是同一性质的地层。其次，在工区范围较小的情况下，也要用地质的观点分析工区内的目的储层是否是一种类型，是否满足一定的连续性。这样综合分析后，重新调整重构范围，选取出最终的重构参数。

(2)只有一口井，或者有多口钻井，但是其分布不均匀，而且要么在目的层包含储层，要么不包含储层。在这种情况下，首先是筛选重构子波，使得其符合所有的井；然后，结合以地震资料为基础的地质综合分析，比如结合沉积学、层序地层学等分析结论，对工区的储层分布有一个初步的轮廓。然后，选择重构参数，当其结果能够满足这种初步的储层分布形态后，就认为是最终的参数。

(3)在无井这种情况下，在地震资料解释后得出的一些基本的地质特征信息的指导下进行重构，当重构结果满足这一种基本的地质观点的时候，即认为是最终的重构参数。

对比以上几种情况，在先验资料充分的情况下，效果会更加精确；在人为主观预测的情况下，如果这种主观预测比较准确，效果也会不错。但是，一旦这种主观认识有较大的偏差，其预测结果也会有比较大的偏差。

2.7.2 应用效果分析

将原始的三维叠后地震数据频谱进行多子波分解，原始地震数据目的层段子波最低频约为8Hz，最高频约为75Hz(图2-31)，分解为不同形状、不同振幅的子波集合。图2-32~图2-37为不同频率的过fs1井的单频体地震反射数据剖面。

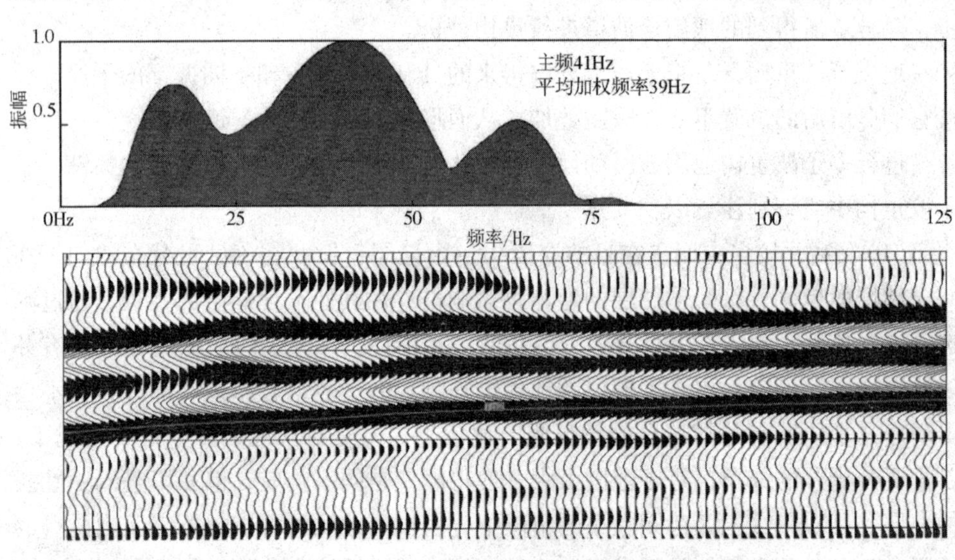

图2-31 FM地区三维地震数据茅口组目的层频谱统计分析

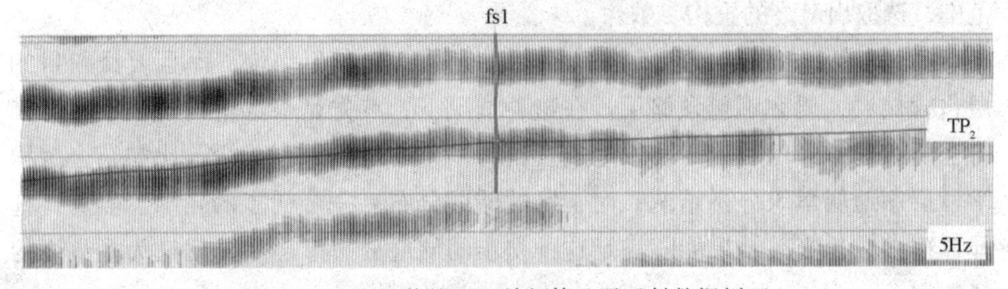

图2-32 过fs1井的5Hz单频体地震反射数据剖面

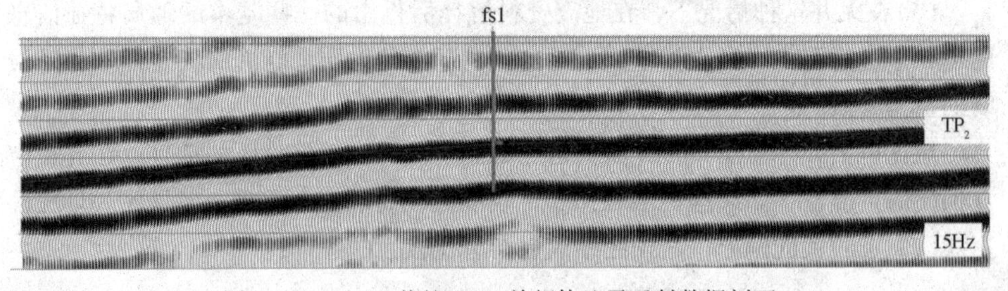

图2-33 过fs1井的15Hz单频体地震反射数据剖面

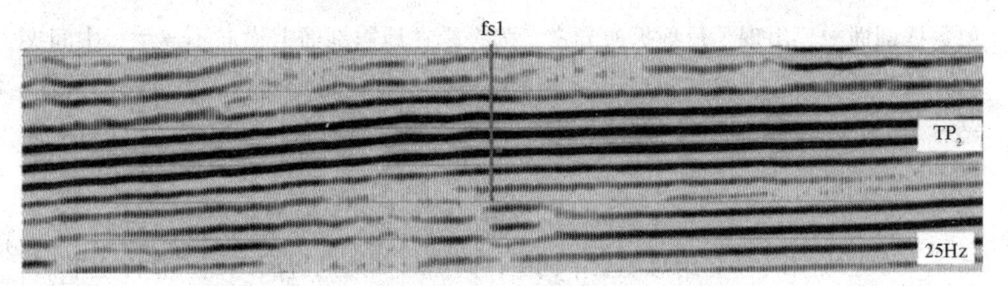

图2-34　过fs1井的25Hz单频体地震反射数据剖面

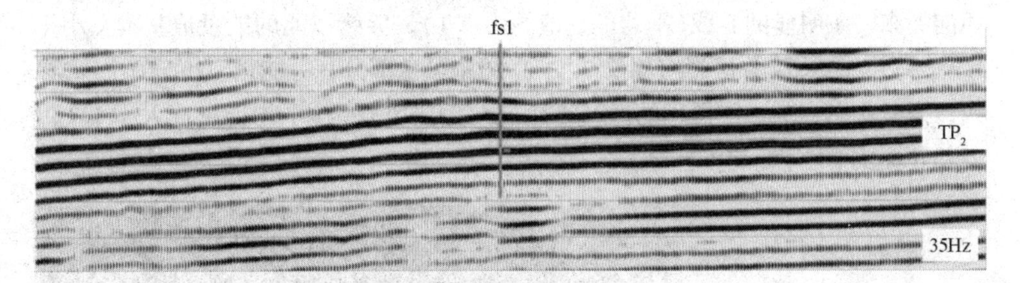

图2-35　过fs1井的35Hz单频体地震反射数据剖面

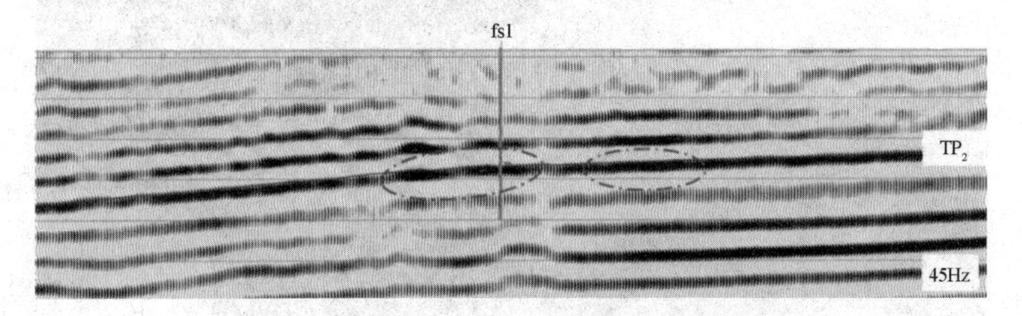

图2-36　过fs1井的45Hz单频体地震反射数据剖面

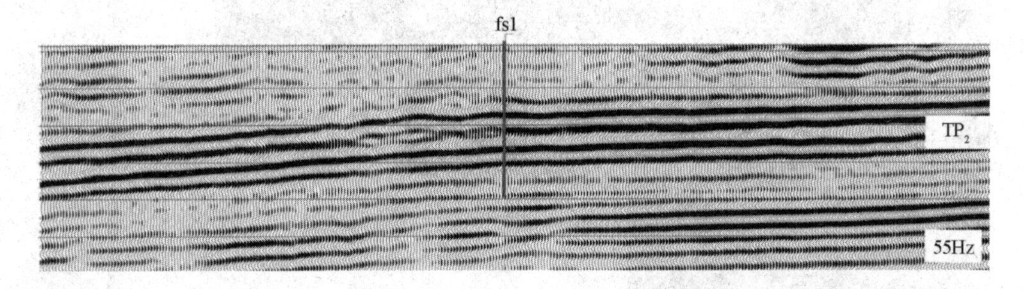

图2-37　过fs1井的55Hz单频体地震反射数据剖面

从分解的单频体地震反射剖面上可以看出，在茅口组的45Hz单频体地震反射数据剖面中，出现了反射振幅异常，强振幅在地震剖面上横向不连续，中间夹杂一些相对较弱的波峰反射(图2-36的虚线框内)，呈现波状、断续状的特征。结合fs1井的钻探成果，这种强反射轴波峰振幅、不连续强能量为fs1井岩溶储层的地震响应特征。因此，为子波重构奠定了基础。

图2-38为在45Hz单频数据体上提取的茅口组平均能量平面图，图2-39为45Hz单频数据体的茅口组总能量平面图，两图所预测的缝洞型储层整体上形似。从茅口组平均能量平面图上(图2-38)可以看出，在yun18井、xl1井这两井的北西向展布一条明显的界线(平均能量值约为1.1)，界线以北的能量值基本上小于1.1，钻井证实xl2井区岩溶储层不发育(图中黑色部分——能量值小于0.5)。界线以南，灰白、灰、淡黑色的区域表示岩溶储层发育区(平均能量值大于1.1)，经钻井证实fs1井钻遇不整合面岩溶储层。

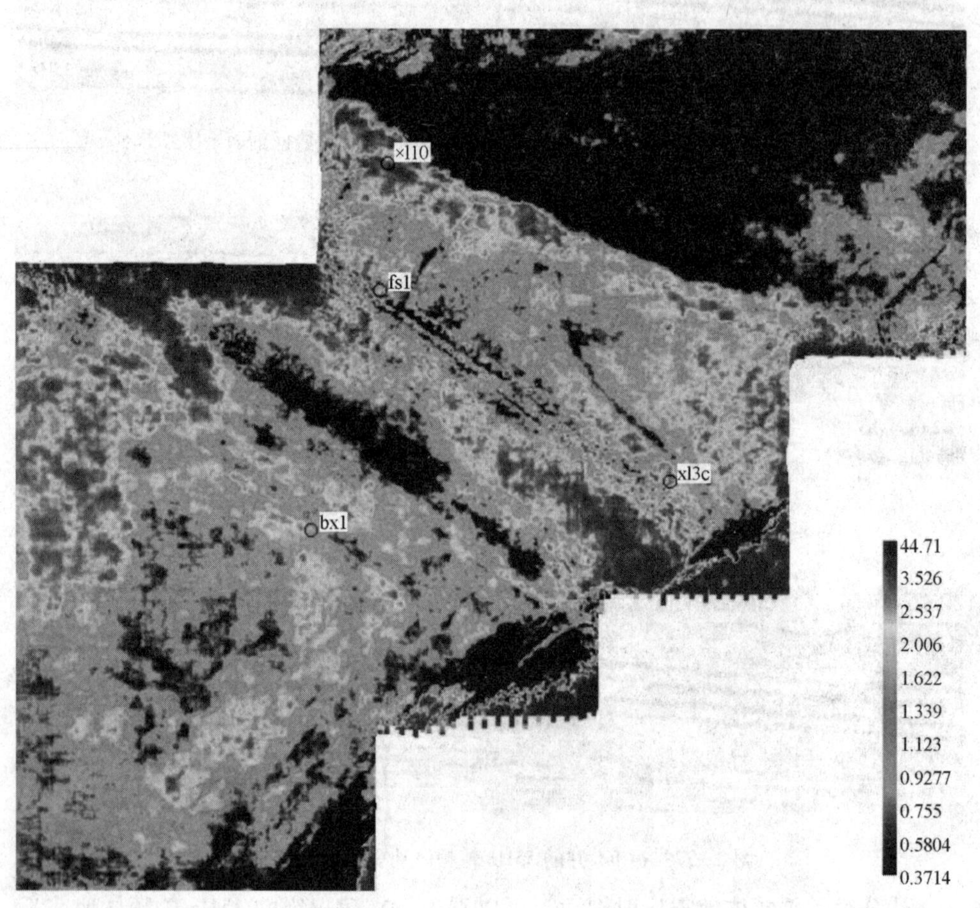

图2-38　45Hz单频体平均能量平面图

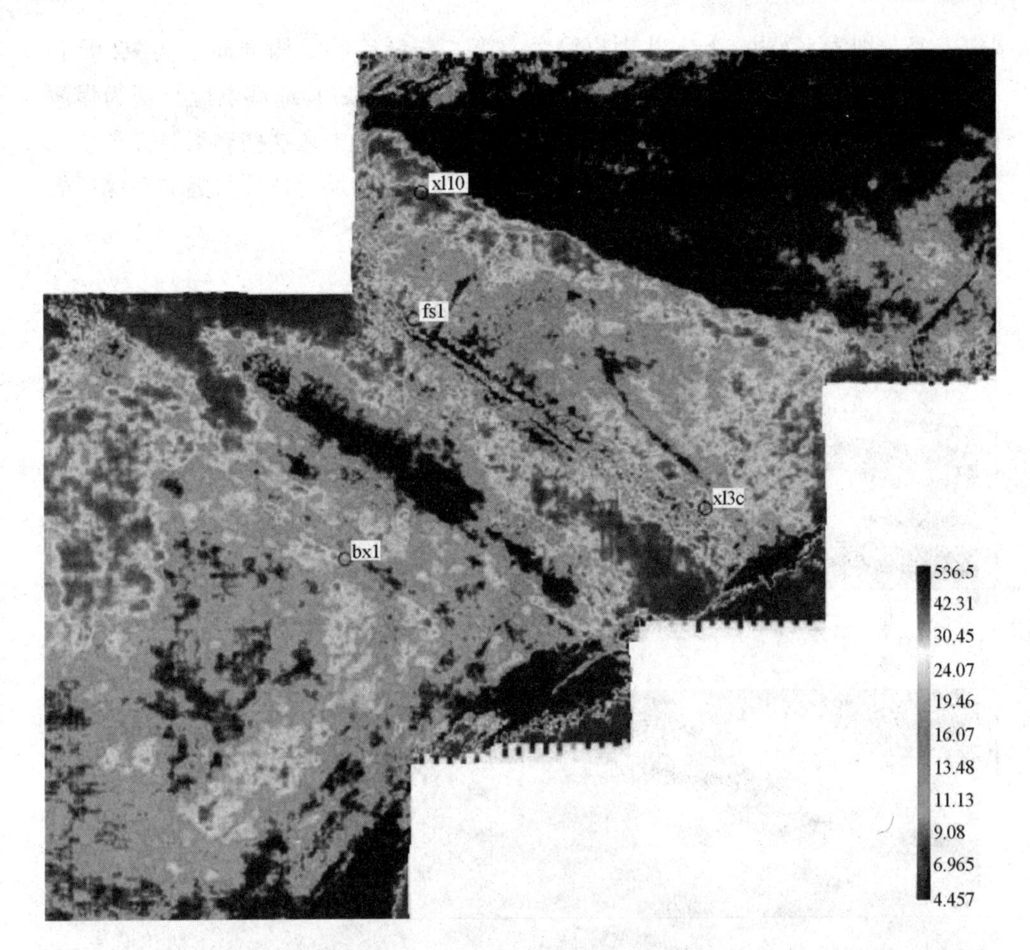

图 2-39　45Hz 单频体总能量平面图

FM 地区三维地震工区内茅口组地层由上覆炭质地层与下伏灰岩地层形成强的反射轴，致使茅口组不整合面岩溶储层的地震响应特征被屏蔽。应用多子波分解与重构技术后，将二者之间的强反射界面从地震剖面中剥离出去，即剔除掉岩性对反射界面造成的影响，剩余的目标反射在地震剖面中就相对可见了。研究区内共有 fs1 井、xl2 井、bx1 井 3 口钻井钻遇茅口组，其中 fs1 井和 bx1 井钻穿茅口组。钻遇茅口组岩溶储层的只有 fs1 井，经测试获工业油气流，而 xl2 井和 bx1 井储层不发育。因此，有必要对这 3 口钻井开展子波重构分析，查明其地震响应特征。图 2-40 是过 fs1 井剥去第一分量后剩余子波重构的剖面图，剥去第一分量后还不足以让储层的地震响应特征显露出来，储层的特征隐藏于强波峰中。因此，继续剥离第二分量，图 2-41 为剥离第二分量后子波重构剖面图，剥离第二分量后，fs1 井的储层地震响应特征为一个弱波峰的复波响应特征。图 2-42 ~

图 2-45分别为 xl2 井、bx1 井剥离第一、第二分量后的重构剖面。从 xl2 井和 bx1 井的分量剖面图上可以看出，xl2 井的茅口组剥离后其地震响应特征为强波峰，而 bx1 井的茅口组地震响应特征则为波谷反射。由上述这些剥离第二分量的反射特征可以得到缝洞型储层的特点，非缝洞型储层的反射特征与缝洞型储层的反射特征具有差异性。

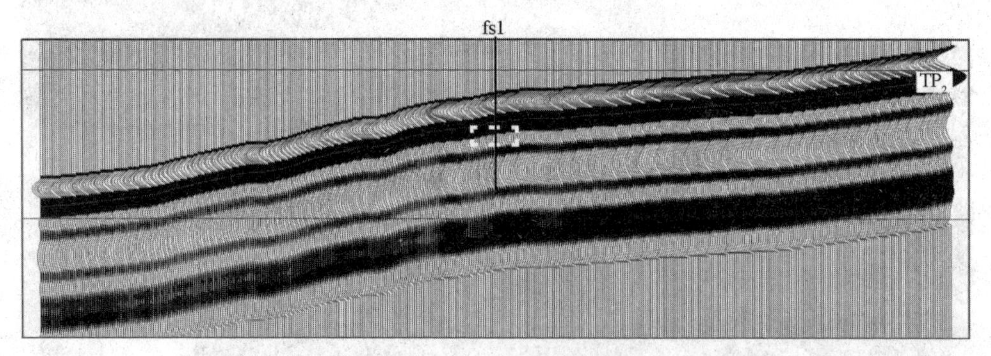

图 2-40　fs1 井剥离第一分量剖面图(储层段位于虚线框内)

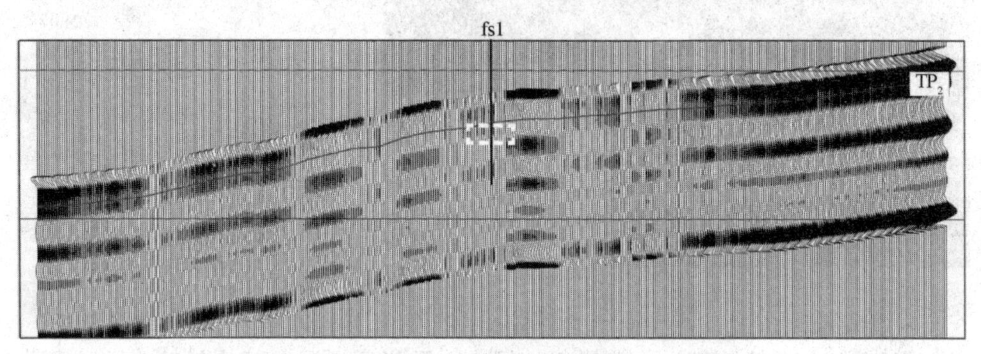

图 2-41　fs1 井剥离第二分量剖面图(储层段位于虚线框内)

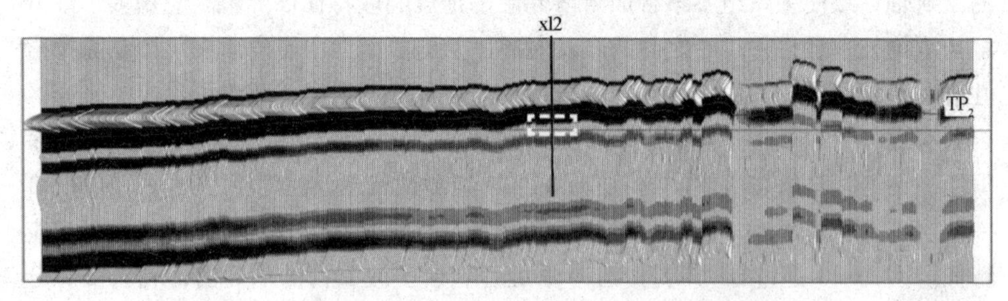

图 2-42　xl2 井剥离第一分量剖面图(储层段位于虚线框内)

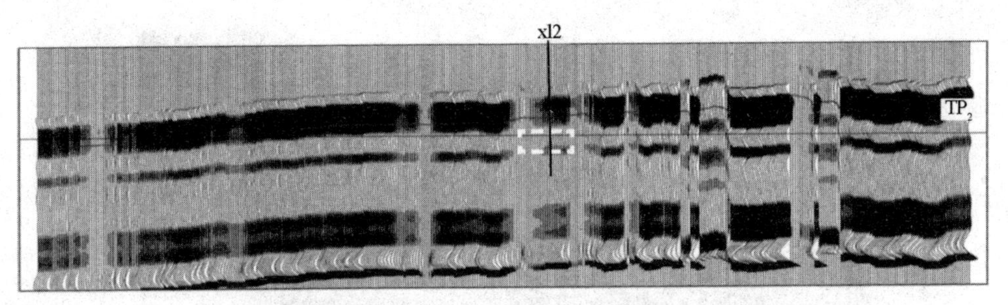

图 2-43　xl2 井剥离第二分量剖面图(储层段位于虚线框内)

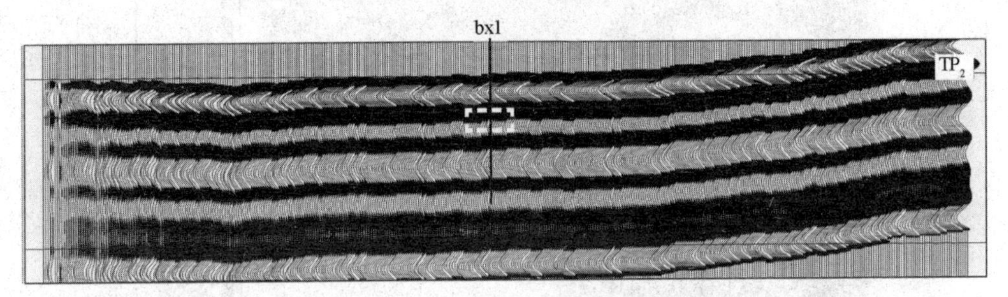

图 2-44　bx1 井剥离第一分量剖面图(储层段位于虚线框内)

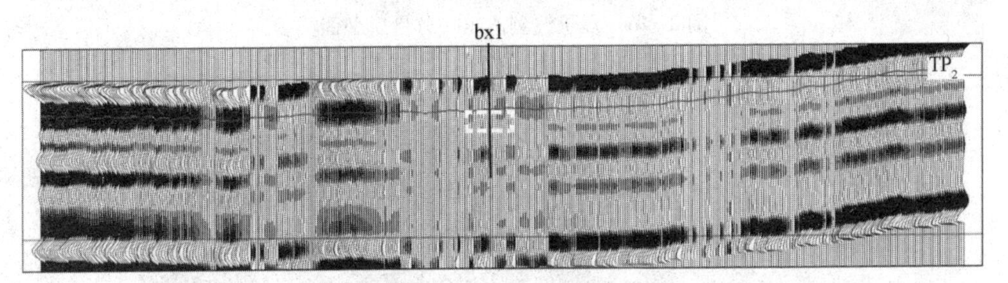

图 2-45　bx1 井剥离第二分量剖面图(储层段位于虚线框内)

图 2-46 是剥离第一分量后，剩余的目标层的地震反射平面图，图 2-47 是剥离第二分量后，剩余地震反射平面图。从这两张分量平面图上可以看出，剥离了影响储层地震响应特征的因素后，岩溶薄储层的地震特征就显现出来了。如从图 2-46 剥离的第一分量平面图上可以看出，该图和前面的能量属性(图 2-39)比较相近；从图 2-47 剥离的第二分量平面图上可以看出，岩溶孔洞的结构就可以显现出来了，岩溶孔洞主要集中发育在 xl101 井区附近 ，在 fs1 井区附近也有部分发育，孔洞发育区主要集中在 FM 地区的三维工区内。

应用多子波分解与重构技术虽然可以较好地预测出强波阻抗界面下的地震响应特征，但是由于研究区的钻井位置不同，地震响应特征也是多样的。

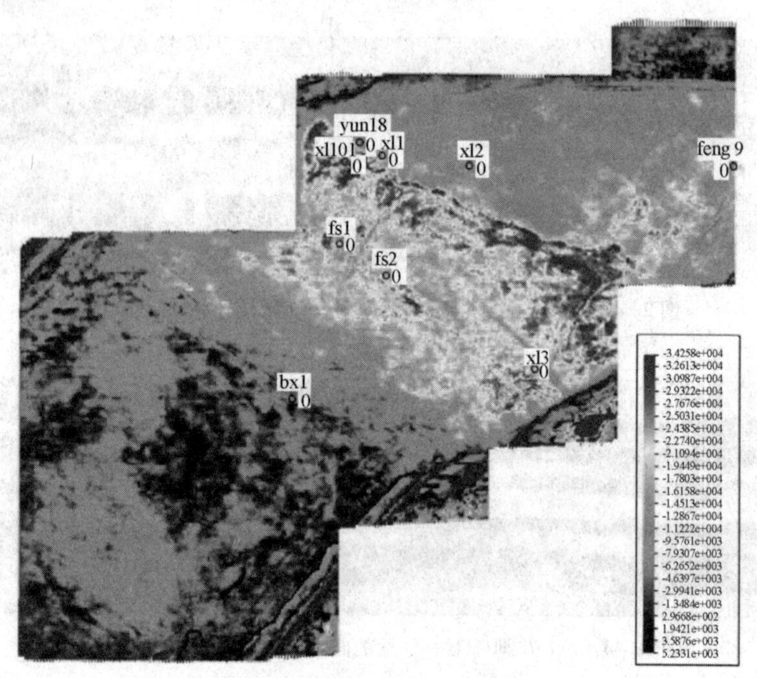

图 2-46　多子波剥离第一分量后平面图

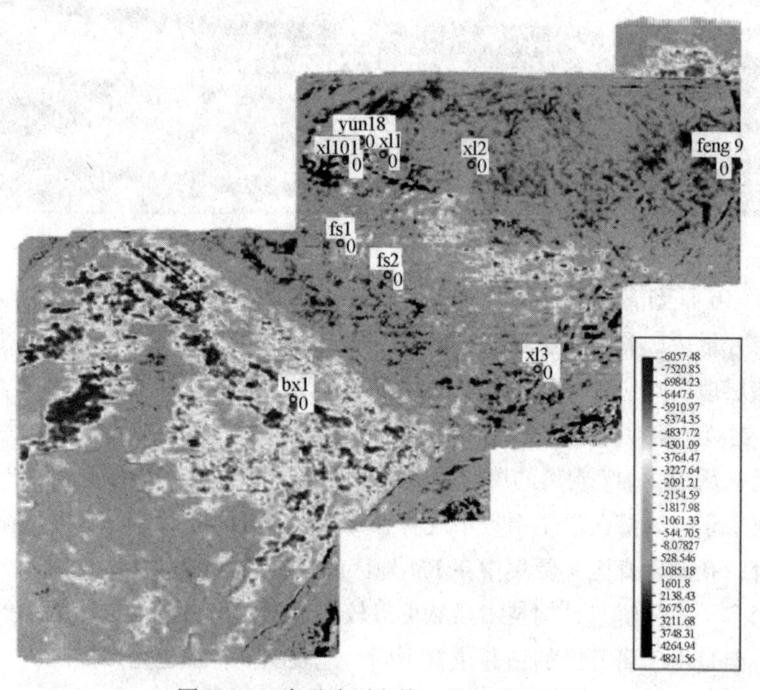

图 2-47　多子波剥离第二分量后平面图

2.8 谱白化技术

由于大地的吸收衰减作用，使得地震信号的高频成分损失，造成分辨率下降。因而，合理地补偿地震信号的高频成分是提高分辨率的根本方法之一。谱白化技术方法是补偿地震高频的一种有效的手段，通过提高地震高频段成分，对小型溶洞的探测相当重要，可以清晰地描画出溶洞的边界。

谱白化方法的原理就是将地震记录的振幅谱白化，即在地震资料的有效频带内将振幅谱均一化，以补偿损失的高频成分，以期达到提高地震资料分辨率的目的。谱白化首先对地震道振幅谱值包络线做平滑滤波，加适量的白噪成分，求取倒数，依次按倒数比例放大原来各振幅谱的值，使包络线展平为白色的宽频谱。如图 2-48 为谱白化原理示意图。

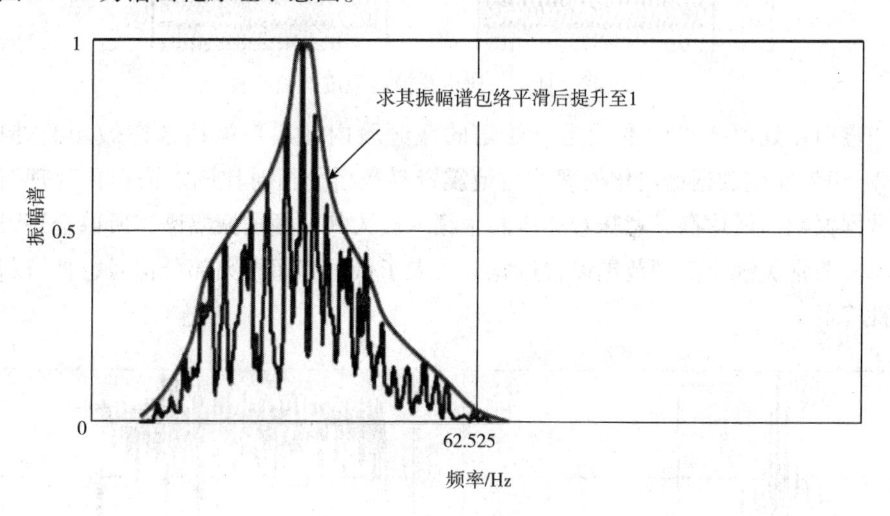

图 2-48　谱白化原理示意图

该方法不改变信号的相位，是单纯通过拓宽振幅谱有效频带范围而实现提高分辨率的方法。只通过在振幅谱上进行加工补偿而并没有改变相位谱，因此地震波波至时间不变，不会产生虚假同相轴。图 2-49 为同一道地震记录谱白化前后对比图。谱白化前后同一反射界面的同相轴所处时间相同，相位没有发生变化(图 2-49 中 *AA′*线)，谱白化后地震记录分辨率明显得到提高(如图 2-49 白色线框内的反射波组数量明显增多)。

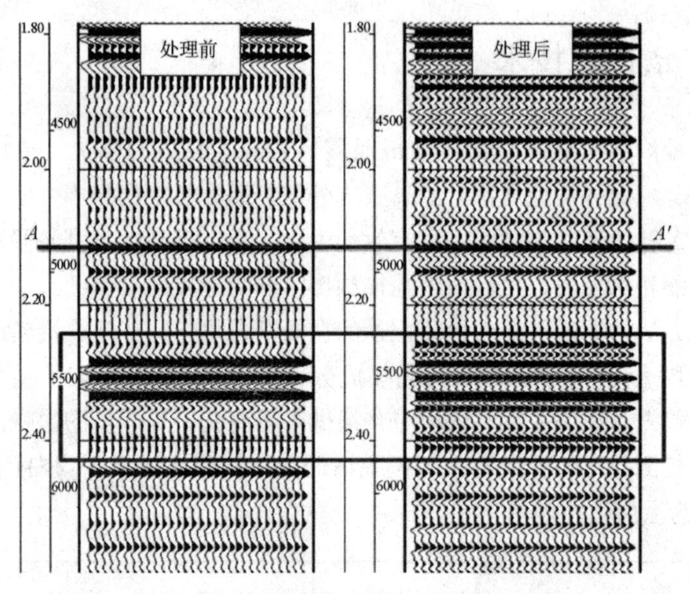

图 2-49　地震道谱白化前后地震剖面比较

谱白化处理技术的本质是对给定的截频段内地震数据振幅谱做均衡处理。图 2-50为地震数据谱白化处理前后地震资料频谱分析对比图。谱白化处理对地震数据振幅谱做均衡，意味着会压制主频，放大其他频段振幅谱，所以合理设置截频段非常关键。截频范围设置过宽，放大了低频和超高频部分信号，使资料可靠性降低。

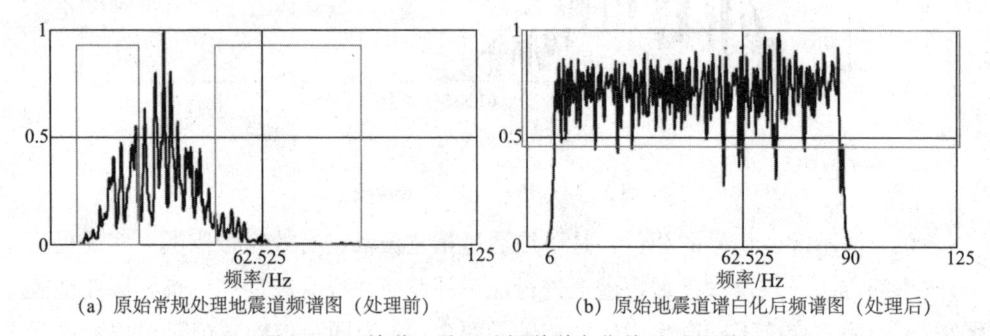

(a) 原始常规处理地震道频谱图（处理前）　(b) 原始地震道谱白化后频谱图（处理后）

图 2-50　单道地震记录频谱谱白化前后对比图

图 2-51 为常规叠前时间偏移处理后的地震剖面与谱白化后叠前时间偏移处理后的地震剖面图的对比效果示意图(注意灰色虚线框内的反射区域)。对比常规地震数据和谱白化后的地震数据，谱白化后茅口组地震数据的分辨率有了明显的改善，吴家坪组内部强轴反射更连续，地震反射波组细节更为清晰、内容更丰富。

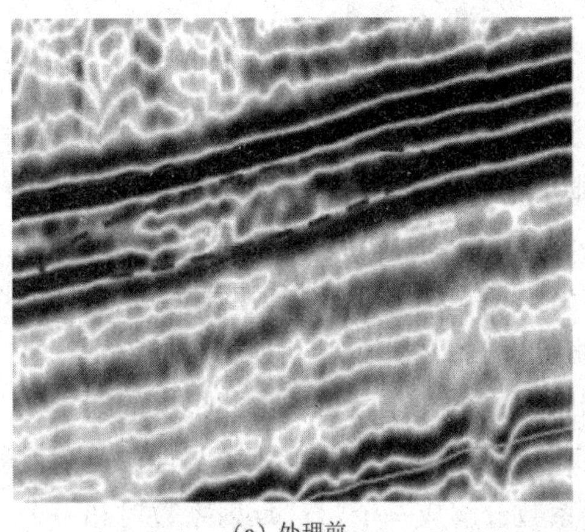
（a）处理前

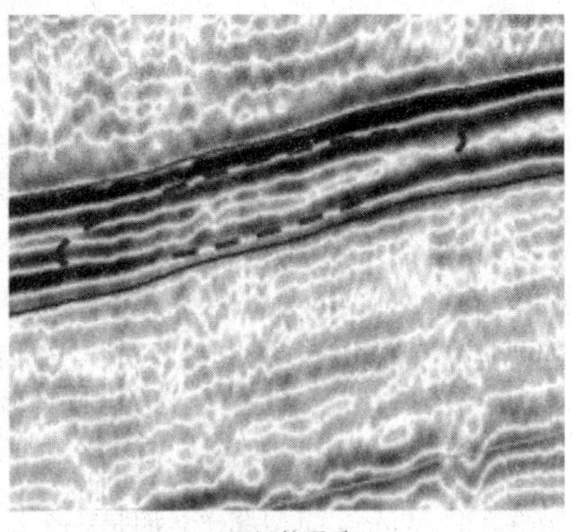
（b）处理后

图 2-51 常规与谱白化处理的叠前时间偏移地震剖面图

通过“谱白化 + 相干组合技术”的组合应用，FM 地区茅口组的岩溶细节刻画得更加清楚，所得的岩溶边界更加清晰。从图 2-52 上可以看出，在谱白化的基础上，开展相干性分析，可以极大提高相干的分辨率。与单纯的相干体切片相比，经谱白化处理后提取的相干属性，对茅口组溶洞边界的刻画相对更为清晰（图 2-52中的椭圆圈内）。

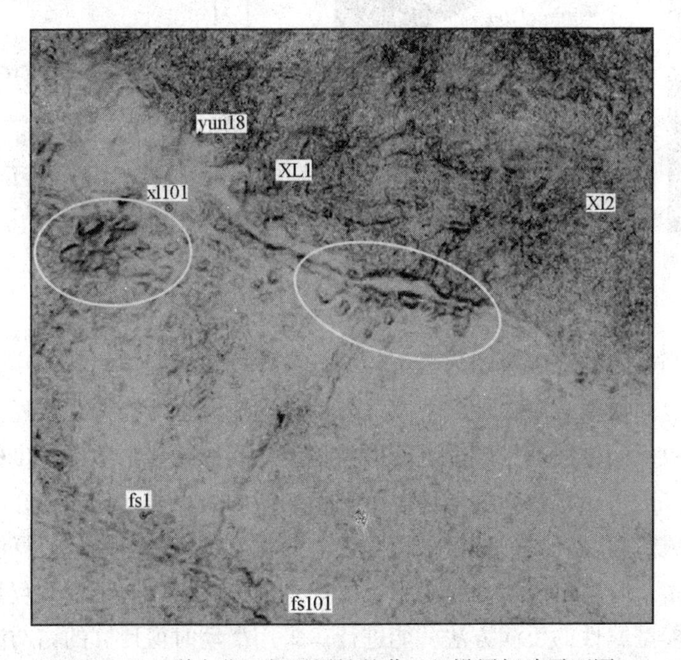

图 2-52 谱白化 + 相干属性的茅口组沿层切片平面图

2.9 反射系数反演技术

地震分辨率是从地震资料中获取更多地层信息的关键因素，自从地震方法被引入石油勘探后，石油地球物理学家一直致力于拓宽地震资料频带宽度以获取较高的分辨率。根据 Widess 的模型(1973)，厚度小于 λ/8 的薄层在地震上是无法分辨的，但是这种薄层很有可能是极好的储层或者是重要的流动单元，所以薄层的识别一直备受关注。但是 Widess 薄层模型只是普遍情况中的一个特例，由此得出的地震分辨率极限的结论也不具普遍性。但是，在实际地质情况下，地层上下界面的反射系数并不像 Widess 模型那样。而是一个反射系数分解成一个“奇”反射系数对和一个“偶”反射系数对。当“偶”反射系数对为零时，就是 Widess 模型；只要“偶”反射系数对不为零，则不受 Widess 模型分辨率极限的限制，如图 2-53 所示。

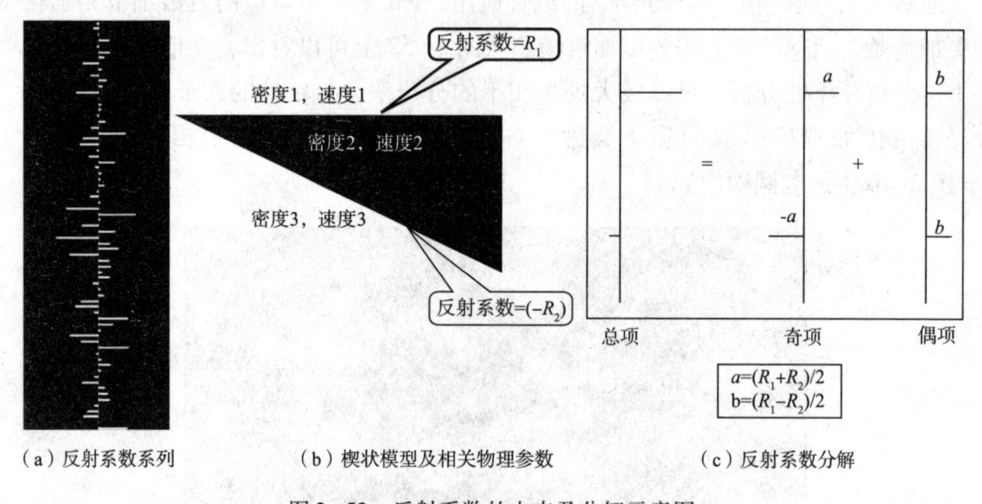

（a）反射系数系列　　（b）楔状模型及相关物理参数　　（c）反射系数分解

图 2-53　反射系数的由来及分解示意图

所以，当实际的地层厚度远低于传统分辨厚度，地震振幅和频率仍然随厚度发生变化，这间接地表明在地震带宽之外的频率成分也可能得到恢复。

反射系数反演方法基于频谱上峰值与陷波之间的距离是地层厚度的确定性函数，在频率域内采用常数周期值进行反射率反演的新算法。首先将在时间域内的脉冲对表示成数值序列式，然后采用复数谱分析方法形成一种数值算法。

可以用多个脉冲对成层效果表示合成记录模型，所以对于常规反射系数序列反演用单层模型属性的反演方法就能进行。采用滑动时窗计算的谱与时间的关系可以认为是不同期次的反射模式的一种叠加结果。对影响局部地震响应的所有脉冲对同时进行反演处理，最终获得反射系数和地层厚度。

反射系数反演是一种叠后地震反演方法，可以分辨比调谐厚度更薄的地层。这种反演方法内置嵌入了地质原理约束条件，并与局部频率特征相关，这种局部频率特征则由地震分频技术获得。这种薄层反演算法的输出成果是反射系数剖面或反射系数体，其分辨率远高于原始地震数据。

反射系数反演过程无需假设条件、地质模型、反射假设、层面约束，也不一定需要测井数据。当然如果能有至少一口井的测井数据会对反演帮助很大，我们可以使用井数据来控制子波的计算。输入为原始地震数据，输出为反射系数剖面或数据体。

FM 地区茅口组缝洞储层地震响应特征在常规地震剖面上无法识别，主要有两个方面的原因：①由于茅口组储层纵向发育位置距茅口组顶“不整合面”较近，上覆地层与下伏地层产生的强阻抗界面屏蔽了储层的响应特征；②因为茅口组储层较薄，FM 地区的地震资料频带宽度为 10 ~ 60Hz，主频约为 40Hz，茅口组储层平均速度 6100m/s，地震分辨能力约为 38m，而茅口组储层厚度不足 25m，这在地震剖面上是无法识别的。

针对茅口组薄储层无法识别的难题，应用反射系数反演技术对叠后地震数据进行重新处理。经对比分析，反射系数反演处理对茅口组薄储层有较强的分辨能力。

fs1 井茅口组储层主要为生屑灰岩，中间夹粉晶灰岩，与上覆龙潭组泥岩接触(不整合面)，与下伏茅口组灰岩接触，生屑灰岩厚度约为 23m(深度段为 4847 ~ 4870m)。在常规地震剖面上，储层的响应被掩盖在不整合面产生的强波峰特征里面，无法识别。在高分辨率反射系数反演数据体上，缝洞型储层的顶、底分别对应两个强波峰，储层含气后，速度降低，形成一个强波谷，与实钻的岩性组合一致。(图 2-54)。同时地震的分辨率得到很大的提高(图 2-55)，可以在反射系数反演的基础上进行茅口组岩溶储层的追踪解释。

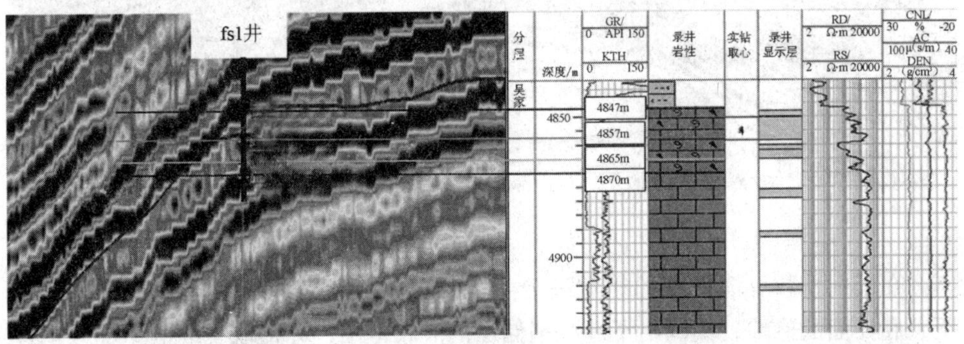

图 2-54　过 fs1 井谱反演剖面与井中岩性对比图

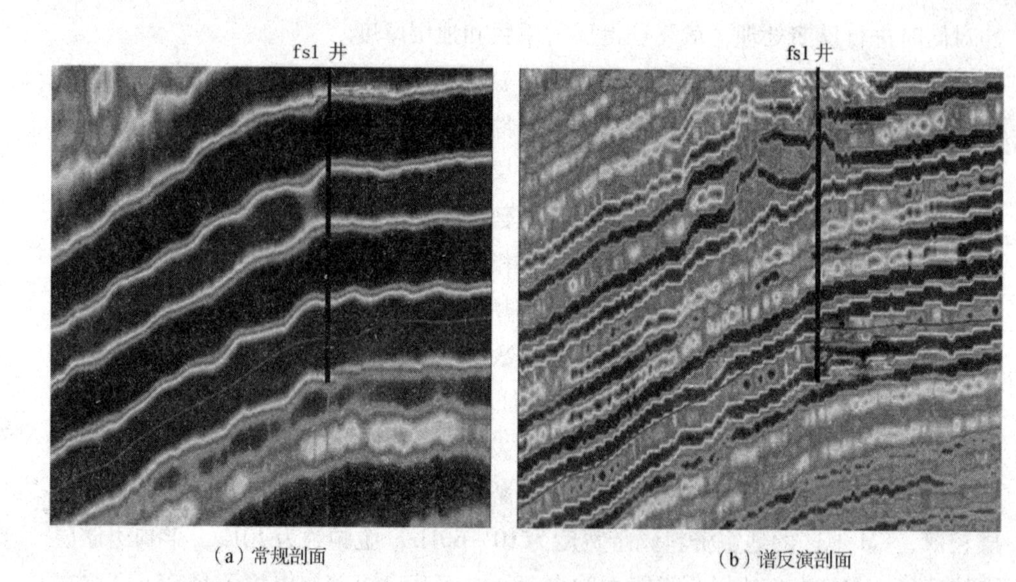

（a）常规剖面　　（b）谱反演剖面

图 2-55　过 fs1 井常规剖面与谱反演剖面对比图

从连井剖面的对比分析来看，反射系数反演对储层的横向展布也有非常精细的刻画。根据实钻结果，bx1 井在茅口组 5061～5090m 酸压测试未获工业气流，fs1 井在茅口组 4847～4865m 酸压测试获得高产的工业气流，而 xl2 井未发育岩溶储层(裂缝型储层)；在连井常规地震剖面上，3 口井的茅口组上部均为一套很强的波峰反射特征，储层与非储层特征无法分辨，而在反射系数反演剖面上(图 2-56)，fs1 井储层的顶、底界面被分辨出来，横向上有一定的延伸(图 2-56 中的虚线区域)，与实钻的地质成果相吻合。

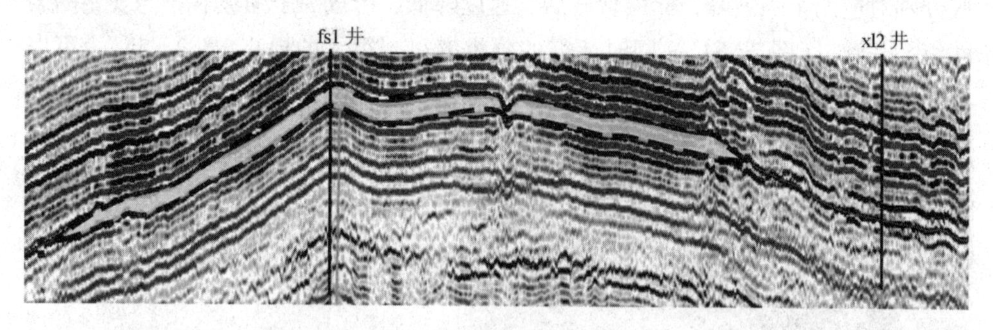

图 2-56　过 fs1 井与 xl2 井谱反演剖面

在反射系数反演得到的相对高分辨率体的基础上进行了茅口组缝洞型储层顶、底界面的追踪，刻画出了缝洞型储层的展布范围，并提取了缝洞型储层的厚度图。根据谱反演的结果，所得结果与井上储层厚度的误差相对较小。

3　基于叠前地震资料预测

鉴于缝洞型储层中的裂缝探测，已有相关成熟的地球物理技术。现阶段，针对裂缝性油气藏的地震预测技术包括：横波勘探、P-S转换波勘探、多波多分量地震、多方位VSP、P波方位各向异性分析等技术。其中，最有效的方法应当是横波分裂识别裂缝，不过横波采集和处理的费用高、风险大，限制了其广泛应用。多波多分量地震、多方位VSP、P-S转换波技术均有不错的预测裂缝效果，这几种方法不是勘探成本高，就是非常规地震采集项目，难以在实际生产中推广应用。

裂缝性储层的各向异性与非均质性是此类储层勘探开发的难点，关键是对储层中裂缝的方向、密度和开启程度等参数的描述。前人研究证明：地震波在裂缝介质中传播时表现出方位各向异性。因而，可依据地震波的方位各向异性对地下裂缝进行描述。

在裂缝介质中，地震波的传播特征在不同方位角表现出不同的物性特征，即地震波的振幅、频率与传播途径有关系。这种特征称为地震波的方位各向异性。以HTI介质(也称为EDA介质，即扩容性各向异性介质)模拟如构造应力产生的空间定向排列的垂直或接近垂直的裂缝(图3-1)。在裂缝发育带，地震波传播时表现出明显的方位各向异性特征。

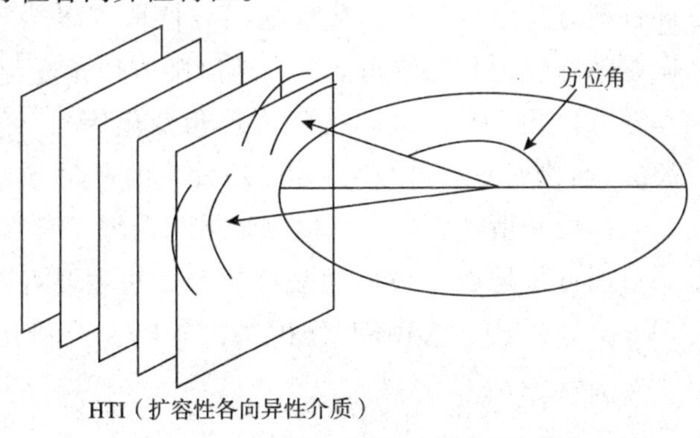

图3-1　HTI介质中地震波传播示意图

Kuster 和 Toksoz 研究表明：在相同孔隙度条件下，细小裂缝比圆形孔隙对速度的影响更为显著。在砂岩中孔隙度小于0.01%的裂缝能导致地震纵波和横波速度降低10%以上。因此，裂缝的方向、密度和对纵波和横波速度产生很大的影响，并产生较强的地震方位各向异性。裂缝对振幅随方位角变化特征的影响是随偏移距增加而逐渐增加，较大的偏移距使得由裂缝引起的振幅随方位角的变化而变得更加明显。因此，可以利用方位振幅随偏移距变化（AVO）属性检测地下裂缝的存在。尤其当含油气的储层裂缝密度越大，同一偏移距下振幅的方位角变化就越大。由此可见，裂缝引起的地震方位各向异性特征明显，应用叠前地震资料进行裂缝分布的研究是切实可行的。

垂直的裂缝、斜交分布的裂缝和网状结构的裂缝等都是造成地震波在传播过程中的能量衰减和能量不均匀分布的主导因素。高密度裂缝会引起地震波散射增强，并加快地震能量的衰减。裂缝越发育，引起的地震波散射现象越明显，能量变化越大，同时也会造成地震波频率变化。

理论与实际研究均表明：地震P波沿垂直于裂缝与平行于裂缝方向，其地震波的动力学特征如振幅、主频、衰减等的变化特征与传播方向存在一定相关性。因而，完全可以利用地震资料提取地震P波的方位属性，如振幅、速度、主频、衰减等检测储层的裂缝分布特征。

3.1　方位地震P波属性裂缝预测

方位地震P波属性裂缝预测又称为纵波方位各向异性裂缝检测。如果岩石介质中的各向异性是由一组定向垂直的裂缝引起的，根据地震波的传播理论，当P波在各向异性介质中平行或垂直裂缝方向传播时具有不同的旅行速度，从而导致P波地震属性随方位角的变化，分析这些方位地震属性的变化（如振幅随方位角变化、振幅随炮检距和方位角变化、速度随方位角变化、传播时间随方位角变化、频率随方位角变化、波阻抗随方位角变化等），可以预测裂缝发育带的分布以及裂缝（特别是垂直缝或高角度缝）发育的走向与密度。较基于常规叠后地震资料的裂缝检测精度更高，其检测结果与裂缝发育带的微观特征有更加密切的关系。目前方位地震P波属性裂缝预测方法主要有：①AVA（方位AVO）分析法；②VVA分析法；③IPVA分析法；④FVA分析法；⑤AVAZ分析法。

3.1.1 AVA(方位AVO)分析法

方位AVO又称AVA。AVA(Amplitude Variation with Azimuth)或RVA(Refleetion amplitude Variation with Azimuth)是指反射振幅随方位角变化的地震属性。如果岩石介质中的各向异性由一组定向垂直的裂缝引起，那么，根据地震波的传播理论，当P波在各向异性介质中平行或垂直于裂缝方向传播时具有不同的旅行速度，从而导致P波振幅相应的变化。AVA法裂缝预测是利用方位地震数据来研究P波振幅随方位角的周期变化，估算裂缝的方位和密度。反射P波通过裂缝介质时，对于固定炮检距，P波反射振幅相应的R与炮检方向和裂缝走向之间的夹角θ有如下关系：

$$R(\theta) = A + B\cos 2\theta \tag{3-1}$$

式中，A为与炮检距有关的偏置因子；B为与炮检距和裂缝特征相关的调制因子；$\theta = \varphi - \alpha$为炮检方向和裂缝走向的夹角；$\varphi$为裂缝走向与北方向的夹角；$\alpha$为炮检方向与北方向的夹角(图3-2)。仿照简谐震荡特征，式(3-1)中A可以看成均匀介质下的反射强度，反映了岩性变化引起的振幅变化；B可以看成定偏移距下随方位而变的振幅调制因子，其大小决定了储层裂缝的发育程度。当B值大，A值小时，裂缝发育好；当B值小，A值大时，裂缝不发育，因此B/A是裂缝发育密度的函数。这种关系可用椭圆状图形来近似表示(图3-3)。当炮检方向平行于裂缝走向时($\theta = 0°$)，振幅($R = A + B$)最大；当炮检方向垂直于裂缝走向时($\theta = 90°$)，振幅($R = A - B$)最小。理论上只要知道3个方位或3个以上方位的反射振幅数据就可利用式(3-1)求解A、裂缝方位角θ及与裂缝密度相关的B；从而得到储层任一点的裂缝发育方位和密度情况。

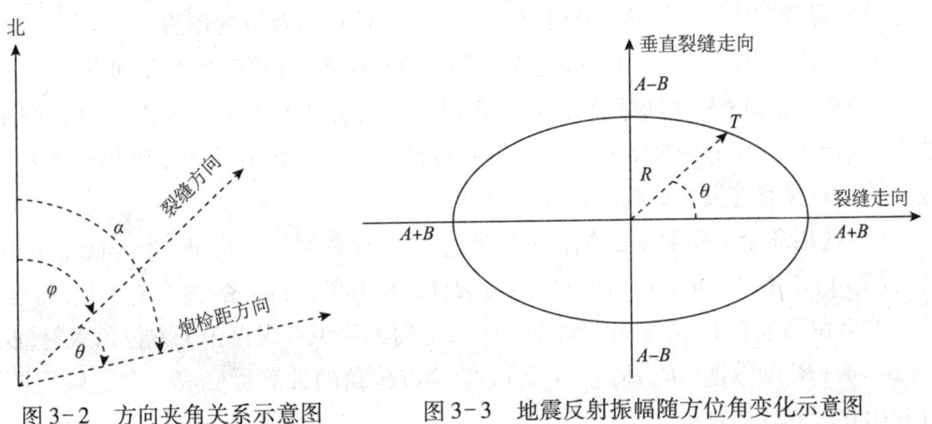

图3-2　方向夹角关系示意图　　图3-3　地震反射振幅随方位角变化示意图

图3-4是振幅随入射方位角变化的曲线，从该图中可看出，当入射方位角为0°时，反射振幅最大；当入射方位角为90°时，反射振幅最小。某一特定入射方位角的地震反射振幅可由式(3-1)近似计算得到。通常认为裂缝方位角θ为稳定的，A、B值很高的地方被认为是具有经济价值的裂缝带。

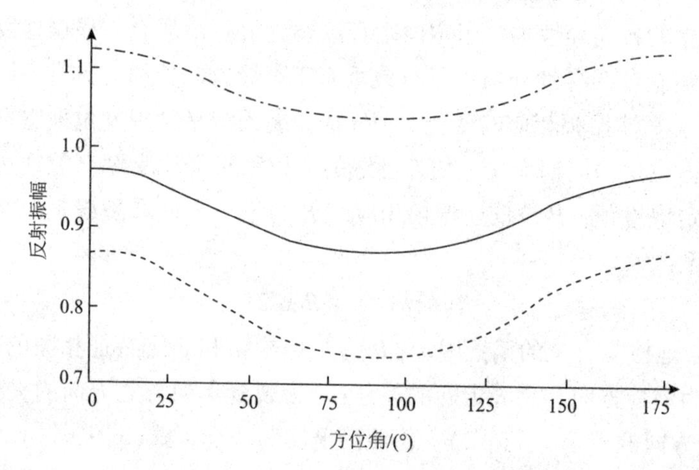

图3-4　振幅随入射方位角变化示意图

在三维地震资料保真、保幅和地表一致性处理的基础上，对动校正三维CMP面元道集地震数据体，进行P波方位各向异性(AVA)属性处理，其主要处理步骤如下：①扩大面元(又称宏面元组合)；②对道集内的地震道进行方位角定义；③方位角道集选排(按一定角度大小进行方位角划分，形成方位角道集)；④方位角道集叠加处理(对方位角道集内的地震道进行叠加或部分叠加，形成多个三维方位角叠加数据体)和方位偏移处理；⑤储层标定和层位拾取；⑥AVA处理(对目的层提取AVA属性)。在上述处理的基础上再对目的层的AVA属性进行分析和沿层裂缝方位(φ)、裂缝强(密)度(B/A)计算以及裂缝预测。

关于沿层裂缝方位(θ)和裂缝强(密)度和(B/A)计算有以下几种方法：

(1)通过公式(3-1)做椭圆拟合，求出背景趋势A和各向异性因子B；利用最大振幅包络方位和对应θ；求出裂缝发育优势方向；利用B/A求解相对各向异性因子，对应裂缝发育的相对密度和幅度。

(2)使用3个方位叠后数据，利用式(3-1)计算裂缝方向ϕ。已知ϕ，再用公式(3-1)求取A、B、θ，计算出沿层裂缝方位和裂缝强(密)度(B/A)。

如果在每个CMP道集中，对于每个固定的偏移距有来自3个方位角入射(ϕ、$\phi+\alpha$、$\phi+\beta$)的数据(R_{ϕ}、$R_{\phi+\alpha}$、$R_{\phi+\beta}$)，裂缝方位角的计算可变成一个定解问题，可利用式(3-2)计算：

$$\phi = \pi n + \frac{1}{2}\arctan\left[\frac{(R_\phi - R_{\phi+\beta})\sin^2\alpha - (R_\phi - R_{\phi+\alpha})\sin^2\beta}{(R_\phi - R_{\phi+\alpha})\sin\beta\cos\beta - (R_\phi - R_{\phi+\alpha})\sin\alpha\cos\alpha}\right] \tag{3-2}$$

式中，$n=0$，1，2，…，n。使用每个CMP点的三方位叠加数据，式(3-2)给出了裂缝方向的唯一解。

(3)对于叠前地震资料，可以对每个偏移距都使用式(3-1)，求得所有偏移距的裂缝走向，再加权平均，即得到总裂缝走向。

(4)对于三维宽方位角地震资料，在给定的每个CMP道集有多个入射方位角地震反射数据时，裂缝发育方向和密度的确定变成一个超定问题。计算方法有两种：LS法(最小平方拟合法)和MES(多重确定解法)。

对于超定方程可采用对CMP振幅包络的方位角道集做最小平方误差拟合，使目标函数F最小化，如式(3-3)所示。

$$F = \sum_{i=1}^{n}\left[A + B\cos2(\alpha_i - \phi) - R_i\right]^2 \rightarrow \min \tag{3-3}$$

得到A、B、ϕ及B/A，ϕ是裂缝方位角，B/A是对应裂缝方位角裂缝发育的相对似然性指示，或称为裂缝的相对密度和幅度。

3.1.2 VVA分析法

VVA (Velocity Variation with Azimuth)是指速度随方位角变化的地震属性。当P波在各向异性介质中平行或垂直于裂缝方向传播时具有不同的旅行速度。VVA分析法裂缝预测是利用方位地震数据来研究P波速度随方位角的周期变化，估算裂缝的方位和密度。反射P波通过裂缝介质时，在固定炮检距的情况下，层速度(V)随方位角的变化可简化表达为：

$$V(\alpha) = A + B\cos[2(\phi - \alpha)] \tag{3-4}$$

式中，A为速度的偏置因子(即地层基质速度)；B为速度的调制因子(即速度随角度变化量，是裂缝发育密度的函数)；ϕ为裂缝方位角；α为测线方位角。式(3-4)同样也可用一个椭圆状图形(图3-5)来近似表示。式中的A、B和ϕ可用与AVA中相同的计算方法求得。

层速度由旅行时计算求得，不会受到振幅误差的影响。使用非双曲时距曲线及广义Dix公式对裂缝性地层的层速度进行分析，可以提高计算的精度。Craft(1997)指出，对于不同方位角的测线，采用双曲时差进行独立速度分析，可得到叠加速度(NMO速度)，并可求取均方根速度；再利用Dix公式计算出目的层不同方位的层速度，高精度的层速度还可以通过地震反演得到。

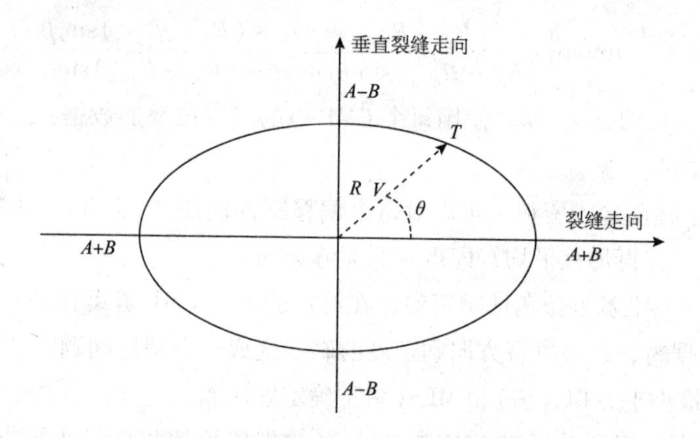

图 3-5　速度随方位角变化示意图

3.1.3　IPVA 分析法

在各向异性介质中，速度是方位角的余弦函数，波阻抗 IP 也必然是方位角的余弦函数，即

$$IP = A_{\mathrm{IP}} + B_{\mathrm{IP}}\cos 2\theta \tag{3-5}$$

方位波阻抗(IP)可以通过方位速度和方位振幅反演求取。如果有 3 个或 3 个以上的方位角波阻抗数据，便可仿照式(3-2)或式(3-3)求解 A_{IP}、B_{IP} 和 θ，而超定问题又可看作是许多正定问题的集合。对求出的许多确切解进行拟合得到 A、B 及 θ 的唯一解，就可得到任一点高分辨率裂缝发育的方位和密度属性。

3.1.4　FVA 分析法

FVA(Frequency Variation with Azimuth)是指频率随方位角变化的地震属性。当 P 波在具有垂直裂缝各向异性介质中平行或垂直于裂缝方向传播时会使地震波频率发生变化。FVA 法裂缝预测是利用方位地震数据来研究 P 波频率随方位角的周期变化，估算裂缝的方位和密度。

3.1.5　AVAZ 分析法

AVAZ(Amplitude Variation with Angle and Azimuth)是地震反射振幅随入射角和方位角变化的地震属性，又称方位 AVO 属性。地震波在各向异性介质中传播时会发生 AVO 属性随方位角的变化，AVAZ(AVOA)法裂缝预测是利用方位地震数据来研究 P 波 AVO 随方位角的周期变化，来检测裂缝(特别是垂直缝或高角度缝)发育的方位和密度。

通过对不同方位角裂缝储层 AVO 模型研究表明：当地震波传播方向与裂缝走向的夹角逐渐增大时，反射系数随入射角的增大而减小；含水平裂缝地层的 AVO 截距逐渐减小，斜率逐渐增大；垂直裂缝地层的 AVO 截距逐渐增大，斜率逐渐减小。

3.1.6 实践计算分析流程

P 波方位各向异性检测裂缝是基于地震纵波信息的一种地震检测方法。当地震 P 波在遇到裂缝地层产生反射时，由于 P 波与裂缝的方位角不同，产生的反射就不同(图 3-6)。利用三维地震资料宽方位角的特点，提取不同方位角的地震 P 波属性，就可以对裂缝的方向与发育程度进行评价。

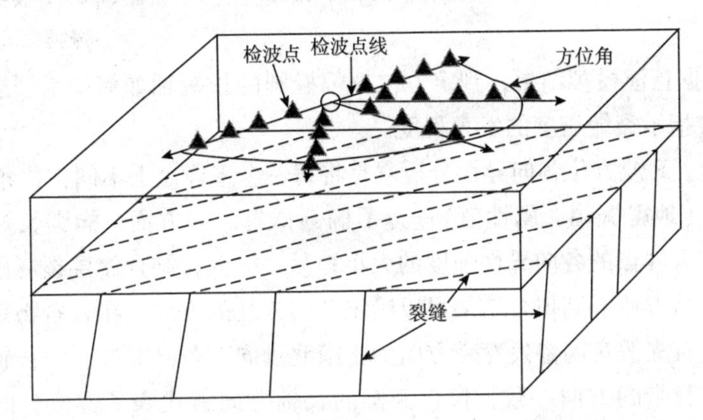

图 3-6 垂直或高角度裂缝储层与三维地震方位数据采集示意图

依据 P 波方位各向异性理论，确定利用地震方位角道集检测裂缝的流程(图 3-7、图 3-8)：

(1)对 CMP 道集抽选方位角道集并进行叠加、偏移处理。计算的方位角个数可选 3 ~6 个，并得到相对应的中心角(方位角范围的中值)，道集要求基本均匀地分布在 0° ~180°范围(覆盖次数相对均匀)，地震数据振幅能量相对均一，信噪比相对较高。

(2)地震属性采用经过标定的振幅类数据或频率类数据，如相对波阻抗数据、吸收衰减类数据等，并选定其中一种属性数据进行下一步骤计算。选定合适的属性计算方法，对每一个中心角叠加道集计算相对应的属性数据。

(3)对储层的每个 CDP 点，使用上述各中心角的时窗统计属性值进行椭圆拟合，计算出 3 个特征值：椭圆长轴长度、短轴长度、及其与 X 轴的夹角。然后获得椭圆扁率(长轴/短轴)。

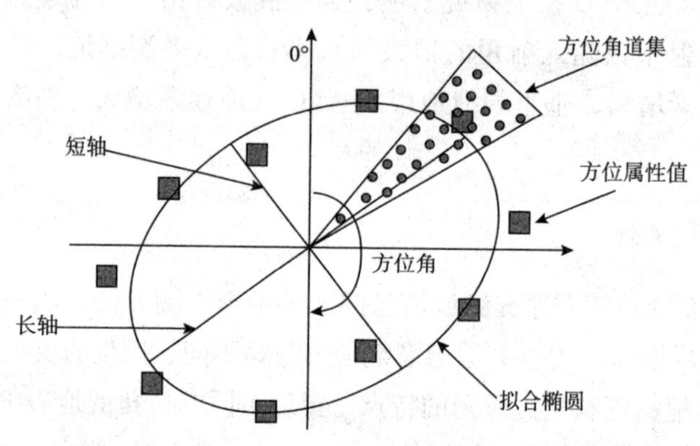

图 3-7　P 波方位各向异性裂缝检测方法示意图

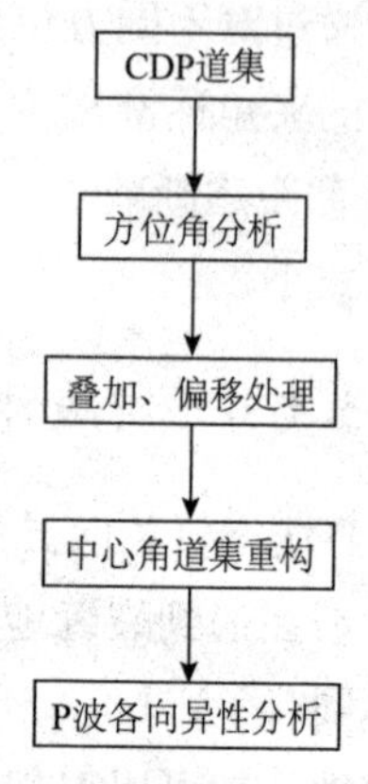

图 3-8　P 波各向异性裂缝检测流程图

(4)根据正演模拟结果，判定方位振幅椭圆的长短轴如何指示裂缝方向。椭圆扁率通常指示裂缝密度的发育程度。

实质上，P 波方位各向异性分析就是将每一个采样点上不同方位角(中心角)的地震信号(地震振幅、属性值)进行了椭圆拟合。一方面，椭圆长短轴的比值就代表了该采样点的各向异性强度的大小；另一方面，结合储层裂缝段岩石物理正演结果，从方位椭圆拟合结果可以确定各向异性的方向。在岩石物理模型的正演模拟时，首先假定高渗发育带方向为正南北走向，若椭圆拟合的长轴方向与假定的高渗发育带的方向一致，拟合椭圆的长轴方向就代表了方位各向异性的方向。反之，若椭圆拟合的短轴方向与假定的高渗发育带的方向一致，拟合椭圆的短轴方向就代表了方位各向异性的方向。

P 波方位各向异性检测裂缝的核心问题在于如何分析检测裂缝方向及其密度。储层中裂缝造成地震反射波振幅随方位角变化而变化，裂缝的走向与法向振幅差异大，可以利用振幅属性差异确定裂缝走向；储层裂缝发育或者充填流体之后，地震波波动特征属性沿裂缝走向与法向，尤其是地震波高频成分，衰减不同，可依据衰减属性或频率属性变化特征检测裂缝强度特别是开启裂缝密度。

3.1.7　方位地震 P 波属性应用实践

叠前地震属性是在叠前地震道集(或角道集)数据的基础上，经过地震反演(包括 AVO 反演、地震弹性波阻抗反演)处理得到的有关地震波的运动学、动力学和统计学特征以及几何特征信息。叠前地震属性包括：纵波速度、横波速度、纵横波速度比、密度、振幅随炮检距(或入射角)变化量、纵波阻抗、横波阻抗、弹性波阻抗、截距、梯度、烃类指示因子、流体因子、泥质百分含量、孔隙率、泊松比、拉梅系数、体积模量、剪切模量以及一些复合参数等。地层中裂缝的存在会造成一些叠前地震属性的变化，利用这些对裂缝敏感的叠前地震属性可以预测出地层中的裂缝发育带及其含油气性。

3.1.7.1 P 波各向异性正演分析

裂缝的形成受控于地质和岩石的力学特征，这些影响因素包括岩性、构造和应力场的分布。各种不同类型的地震属性反映了储层某一方面的物理特征，对裂缝的分析，需要综合考虑储层参数的多方面信息，诸如储层的岩性、构造、与裂缝形成有关的地震属性、地质因素和力学特征等，才能对裂缝进行准确描述。

岩石物理模型正演模拟可以帮助我们了解各向异性的地震响应特征与裂缝的密度、空间定向及所含流体的关系。这为我们利用地震资料的分析结果提取裂缝的信息提供了理论依据。通过岩石物理正演模型的研究，模拟裂缝的方向、密度和所含流体变化产生的地震各向异性响应特征，确定可用于解决研究区地下裂缝的地震属性，了解方位振幅随偏移距变化与裂缝性质的关系，了解含不同流体的裂缝是如何影响振幅随偏移距的变化，指导我们理解和解释裂缝预测的分析结果。

1)储层岩石物理模型建立

建立地震各向异性岩石物理模型的主要目的是确定岩石弹性模量与裂缝参数(密度、所含流体、裂缝宽度/长度比)之间的关系。根据等效介质理论，我们将含裂缝岩石的等效柔度张量定义为岩石骨架的柔度张量和裂缝引起的附加柔度张量之和，即裂缝法向柔度张量和切向柔度张量。得到了裂缝的总柔度张量就可以进行弹性系数的反演，由反演得到的弹性系数可以计算各种弹性模量，如岩石的体变模量、切变模量和拉梅系数等。

在叠前正演模拟研究中，要建立裂缝储层的地质模型和弹性介质模型及岩石物理模型，我们需要知道岩石的纵、横波速度和密度，然后根据岩石物理模型计算井中裂缝储层段的岩石的弹性张量和各向异性等效的 Thomsen 指数，从而了解裂缝对各向异性的岩石物理参数的影响。通过得到的井中裂缝的各向异性参数，计算叠前地震反射在各个方位角的响应，并计算各向异性的地震反射振幅与裂缝定向的关系。这一计算给我们提供了裂缝在井旁地震道的地震响应，包括叠前 AVO 特征和叠前各方位角的 AVO 特征，以及在裂缝影响下的 AVO 特征随方位角的变化规律。

通常，岩石中裂缝的密度、宽度和所含流体的成分都是影响地震各向异性的因素。地震各向异性的幅度随着裂缝密度的增加而增加，不同流体对地震各向异性的响应也有不同的影响。

在叠前正演模拟研究中，我们利用工区内的地质、钻井和声波、密度、中子、孔隙度、泥质含量、含水饱和度等常规测井和横波测井资料及岩石物理测试资料，建立 fs1 井的茅口组裂缝储层地质模型和岩石物理模型，并根据岩石物理模型进行地震正演研究。

2）储层各向异性的地震响应分析

图 3-9 ~ 图 3-12 分别为 fs1 井茅口组裂缝型储层在不同的裂缝密度下含气时的岩石物理模型正演结果。正演结果表明，在 fs1 井茅口组裂缝储层段的反射振幅随偏移距的增大而变小。从图上我们可以得到地质界面与地震反射间的对应关系，以及地震响应在地质界面上的 AVO 特征。

用归一化的反射振幅随入射角的 AVO 响应来定量地描述裂缝引起的方位角振幅的变化特征，并用各个入射角上的振幅方位椭圆与裂缝的分布关系定性说明如何用振幅方位椭圆的长短轴来确定裂缝的定向。通过 fs1 井茅口组裂缝型储层正演模拟结果表明，当储层含有气饱和裂缝时，反射振幅会随偏移距的增大而减小。对于茅口组裂缝型储层，在裂缝走向振幅随偏移距递减比在裂缝的法向递减要小，地震反射振幅方位椭圆与裂缝定向的关系是：最大振幅方向近似地代表了裂缝储层的走向，而最小振幅方向近似地代表了裂缝储层的法向。

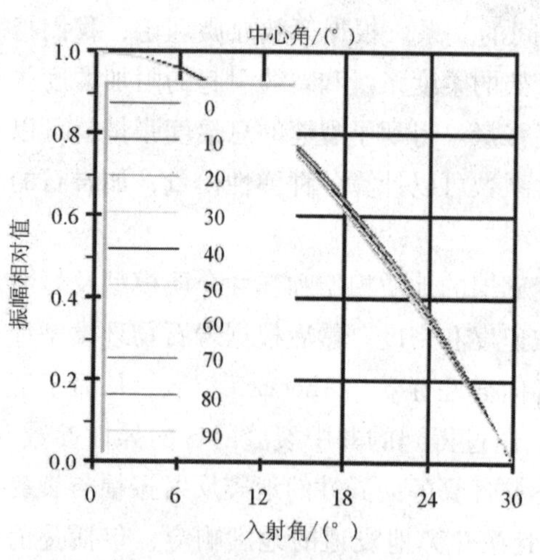

图 3-9　fs1 井茅口组含气模型岩石物理裂缝正演模拟（裂缝密度 10%）

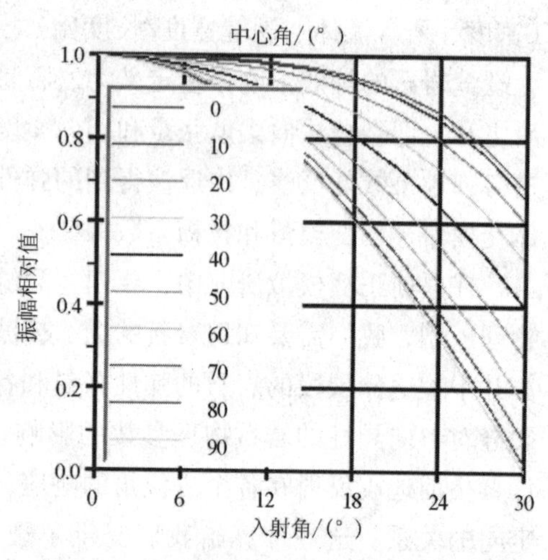

图 3-10　fs1 井茅口组含气模型岩石物理裂缝正演模拟（裂缝密度 15%）

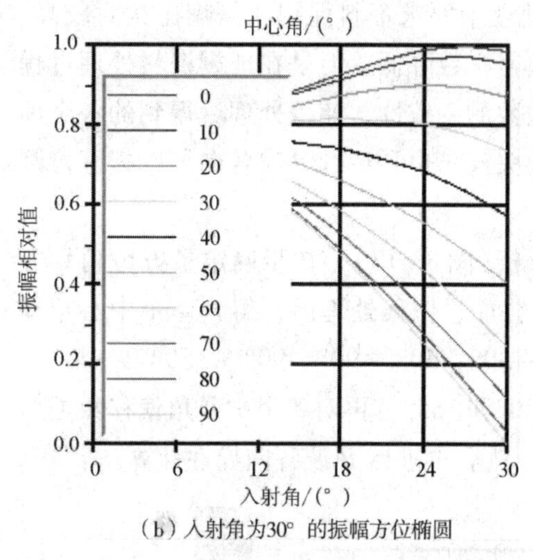

(b)入射角为30°的振幅方位椭圆

图3-11 fs1井茅口组含气模型岩石物理裂缝正演模拟(裂缝密度20%)

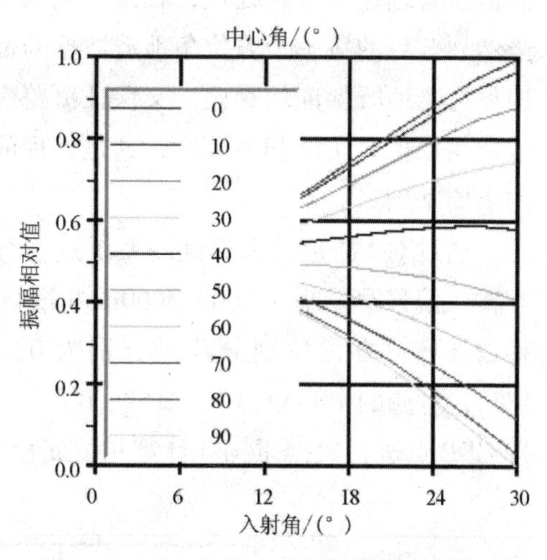

图3-12 fs1井茅口组含气模型岩石物理裂缝正演模拟(裂缝密度25%)

从上述图件成果显示可知，裂缝密度对P波各向异性的影响相对较大，不同的裂缝密度对应不同的裂缝因子，裂缝密度越大则造成P波的各向异性越强。总体上裂缝密度值与P波各向异性计算所得裂缝因子的结果呈正相关关系(表3-1)。

表3-1 裂缝密度与裂缝发育因子的对应关系

裂缝密度/%	10	15	20	25
裂缝因子	1.065	1.247	1.424	1.612

3.1.7.2 P波各向异性计算分析

理论研究表明，地震反射波衰减是波场散射和流体流动共同作用的结果，裂缝越发育，含油气的饱和度越大，地震波的能量减弱和频率降低现象越明显。同时，裂缝的存在还会造成地震波的频率随方位角的变化，在裂缝的法向，频率随方位角的衰减不同于裂缝的走向。在裂缝的法向，地震波的衰减强度与裂缝的密度成正比，裂缝越发育，则频率随方位角变化就越明显。此外，裂缝含油气后，由于油气对地震波的高频能量的吸收衰减作用，也使得地震波频率降低。由于裂缝中充填的矿物的弹性模量较流体的大得多，被矿物质充填的裂缝产生的衰减较流体的小。因此，分析由裂缝的发育和内部所含流体引起的地震衰减属性随方位角变化，就能间接地描述开启裂缝的空间分布以及裂缝开度。

方位角处理为针对研究工区的储层裂缝检测，并根据工区实际地震资料情况而进行合理地划分及处理，在地震资料处理中要求资料保幅、信噪比相对较高。虽然划分后的每一个方位角地震数据的覆盖次数降低，但是在地震资料处理过程中尽可能地既保证信噪比，又保证覆盖次数的一致性，使得处理后得到的各个地震数据保持真实性和一致性，这是处理的关键，也是后续P波各向异性裂缝检测的重要基础。

通过对FM地区采集观测系统进行分析(图3-13)，初步确定了方位角划分方案，偏移距限制在100～3060m并进行叠加、偏移处理后，得到4个中心角偏移数据体：方位角划分范围分别为0°～30°、30°～90°、90°～150°和150°～180°，对应的中心角分别为15°、60°、120°和165°，再对各个中心角偏移数据体按CDP点进行数据重构并计算相关属性，然后再进行P波各向异性计算。

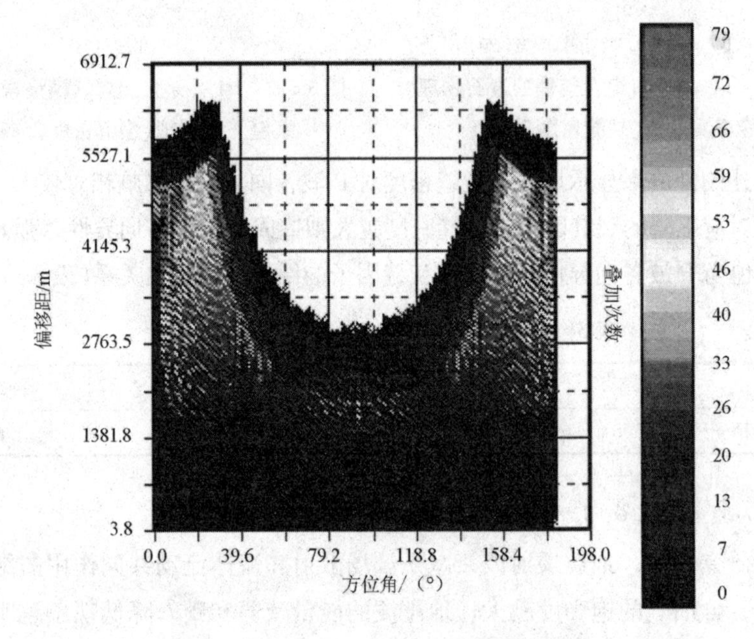

图3-13　FM地区地震道集数据的方位角、叠加次数、炮检距三者关系示意图

从各个中心角道集处理剖面可以看出：一方面，不同中心角道集其地震剖面中过井已知裂缝段的反射特征不尽相同，这正是对P波各向异性的响应；另一方面，地震剖面信噪比高、分辨率高，特别是处理保幅效果好，这些都有利于后续裂缝检测。

为了得到频率属性随方位角的变化在空间的分布情况，我们对提取的4个中心角地震数据体进行了中心角频率属性处理，通过小波变换的算法计算各个中心角地震数据体的频率属性，又进行了频率属性随方位角的变化分析，得到频率属性的方位角椭圆在空间的变化。图 3-14 为过 fs1 井茅口组段的 4 个中心角的频率属性剖面图。从图上我们可以看到，茅口组裂缝储层段反射波频率属性在不同的中心角剖面上有明显的高低变化关系(图 3-14 中的虚线框部位)。

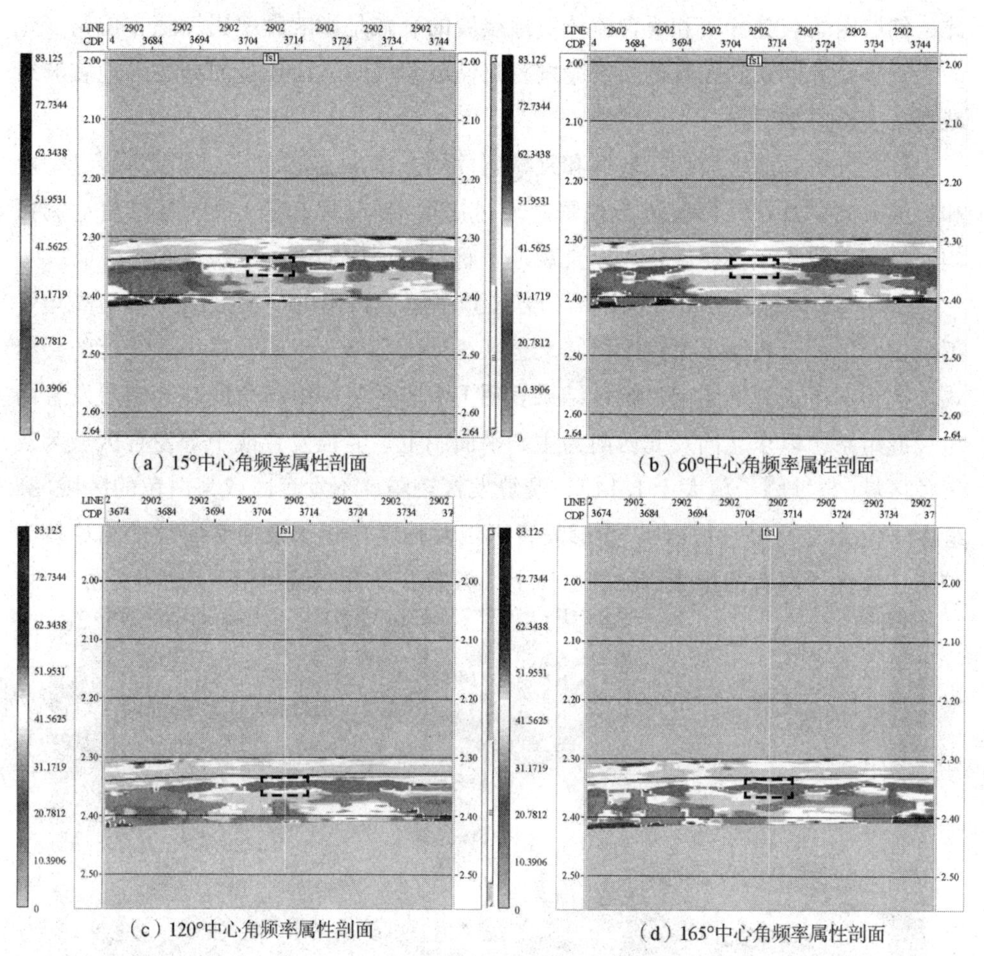

(a) 15°中心角频率属性剖面

(b) 60°中心角频率属性剖面

(c) 120°中心角频率属性剖面

(d) 165°中心角频率属性剖面

图 3-14　过 fs1 井 Line2902 线的 15°、60°、120°、165°中心角频率属性剖面

同方位角振幅分析一样，我们定义频率属性椭圆的扁率为长轴与短轴之比，该值的大小代表了频率属性的各向异性强度——裂缝因子。这样，我们通过频率属性随方位角的变化确定了裂缝造成的地震波衰减各向异性的强度值(裂缝因子值)。由于裂缝储层含气是引起地震波衰减的重要因素，所以由方位频率属性椭圆所描述的地震波频率的各向异性衰减特征就能较好地反映开启裂缝的密度分布情况。

需要注意的是，方位角频率属性分析结果与方位角振幅分析结果在物理意义上是不同的，因此对裂缝的解释也存在区别。一般来说，裂缝引起的地震波速度的各向异性是导致地震反射振幅的各向异性特征的主要原因，所以这就是方位角振幅分析检测裂缝的主要依据。而方位角频率属性分析主要依据裂缝引起的地震波高频衰减的各向异性所导致的地震反射频率的各向异性特征来检测裂缝的，因此，储层内的裂缝分布和所含流体对地震波的衰减是影响频率属性随方位角变化的十分重要的因素。尤其是当裂缝发育且储层含气时，会使各向异性的地震波衰减特征变得更加明显。

综合分析叠前地震振幅属性和衰减属性随方位角变化特征，可以对裂缝密度和裂缝方向以及含气情况进行检测。通过提取沿层(茅口组)叠前方位角地震振幅属性和方位角频率属性，可以直观地了解目的层段的裂缝分布及发育特征。

图3-15为综合分析方位振幅和方位频率属性得出的研究区内茅口组高角度裂缝发育平面分布图，由该图可知，全区统计的裂缝玫瑰图及各小区统计的裂缝玫瑰图指示了裂缝的走向，统计结果表明FM地区茅口组高角度裂缝储层发育两组裂缝组系，以东北向及北西向为主。平面图上裂缝强发育或中等发育区域为灰黑色区域(裂缝因子值大于1.14)，裂缝发育较弱、不发育区域为白色的区域(裂缝因子值介于1.05~1.14)，裂缝发育区域及强度与相干及曲率属性的结论较为吻合，并优于两者的预测情况；总体上，微裂缝发育区域与相干切片上(图2-8)

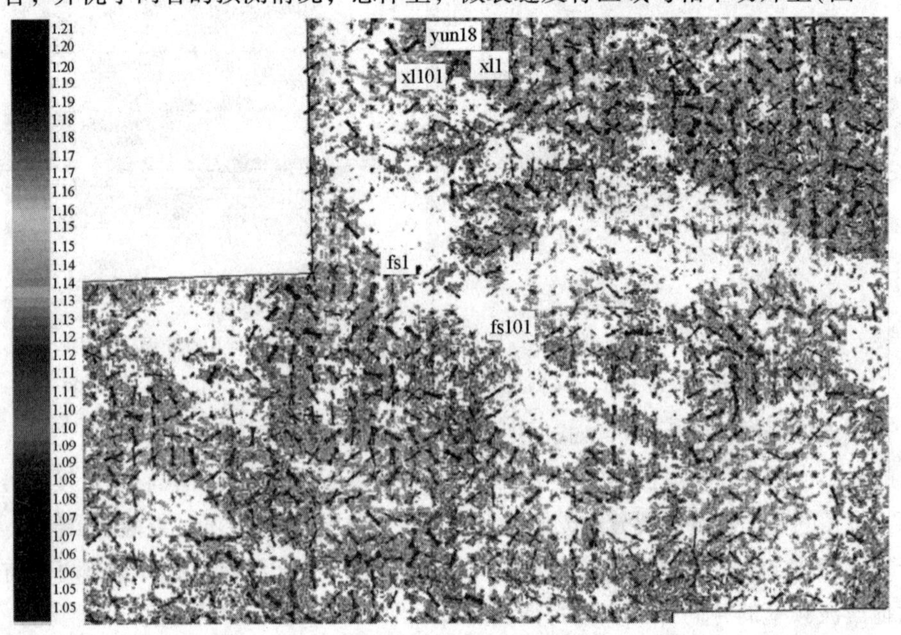

图3-15　FM地区茅口组P波各向异性计算的裂缝因子平面分布图和方向统计

的3个条带所分布的位置具有一定关系，吻合性相对较好。从图3-16来看，fs1井的裂缝发育方向主要有两组，分别为东北向及北西向，但以北东向为主，两者呈共轭关系。从过fs1井裂缝因子预测图件(图3-17)上来看，fs1井也处在裂缝相对强发育区域(图3-17中的虚线框内)，与钻井资料相吻合，该层段经测试获高产工业气流。

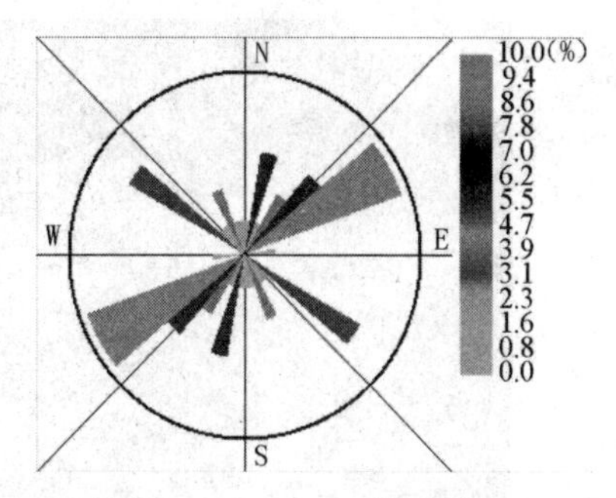

图3-16 FM地区fs1井茅口组高角度裂缝发育方向统计

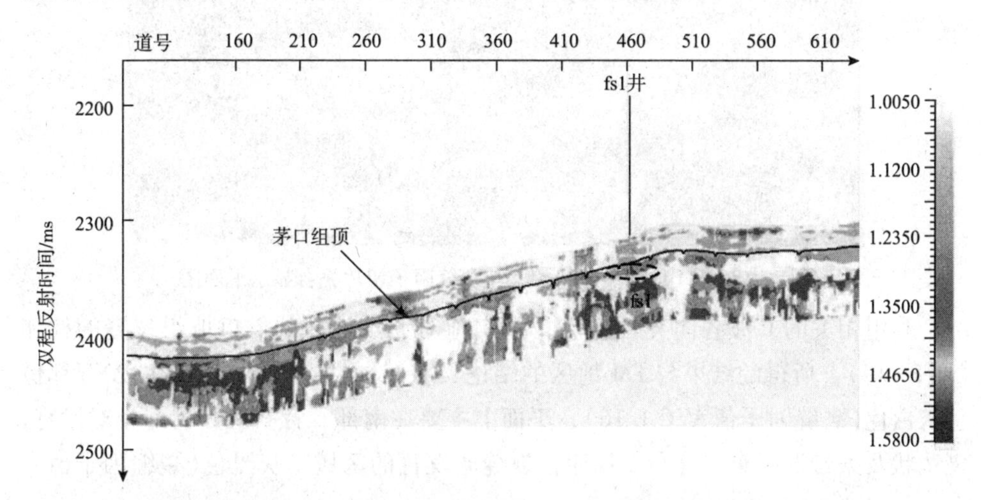

图3-17 FM地区fs1井茅口组P波各向异性计算的裂缝因子剖面图

利用基于叠后地震数据体计算的相干体切片与基于叠前地震道集数据计算的P波各向异性检测技术所计算的裂缝因子平面图进行叠合显示分析发现(图3-18)，相干切片上检测到的大型裂缝或溶洞在裂缝因子平面图没有显示(图3-18中的椭圆部位)，这表明裂缝因子只能对微小型的裂缝进行检测，并与相干体技术所预测的微型裂缝发育区域具有一定的趋同性，局部区域上裂缝因子的检测结果要优于相干体技术。利用相干体技术预测的微型裂缝发育区域一般呈模糊状、杂乱形，很难区别其是否发育裂缝，也可能是岩性、处理过程中所引入的噪音，具有一定的预测及判断方面上的不确定性；而使用P波各向异性检测技术所计算的裂缝因子则清晰地展示出这些区域上的微裂缝发育的强度及方向，效果相对明显。所以在微裂缝的检测方面P波各向异性检测技术要优于相干体技术，而对于大型裂缝或溶洞的检测，相干体技术要优于P波各向异性检测技术。

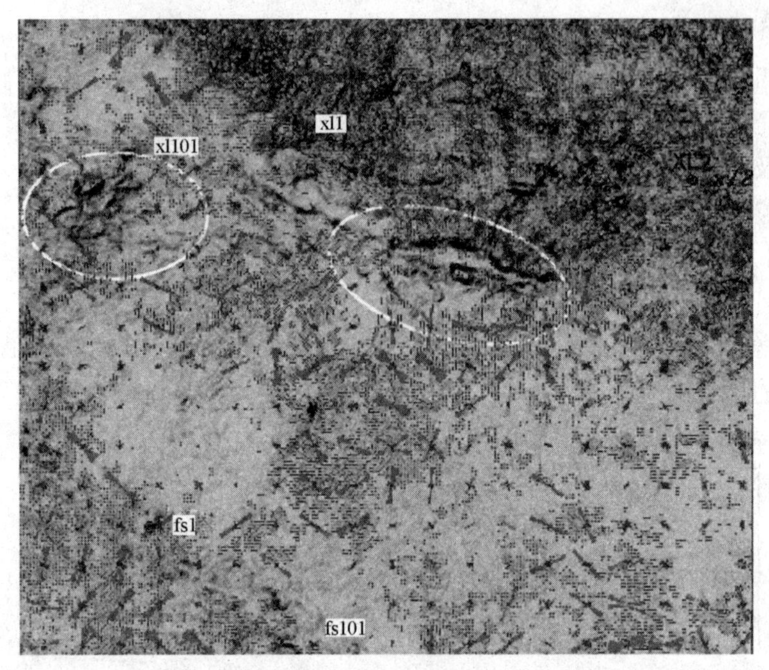

图 3-18　FM 地区茅口组相干与裂缝因子切片叠合显示平面图

利用相关的P波各向异性检测技术实施对元坝地区的雷口坡组裂缝的检测(图3-19)，所得的结果与FM地区的结论具有趋同性。该区微裂缝的发育部位呈灰白色(裂缝因子值大于1.16)，平面上主要在南部、背斜及其翼部相对发育，斑块状及条带形展布，分布无规律；裂缝弱发育的区域呈灰黑色(裂缝因子值介

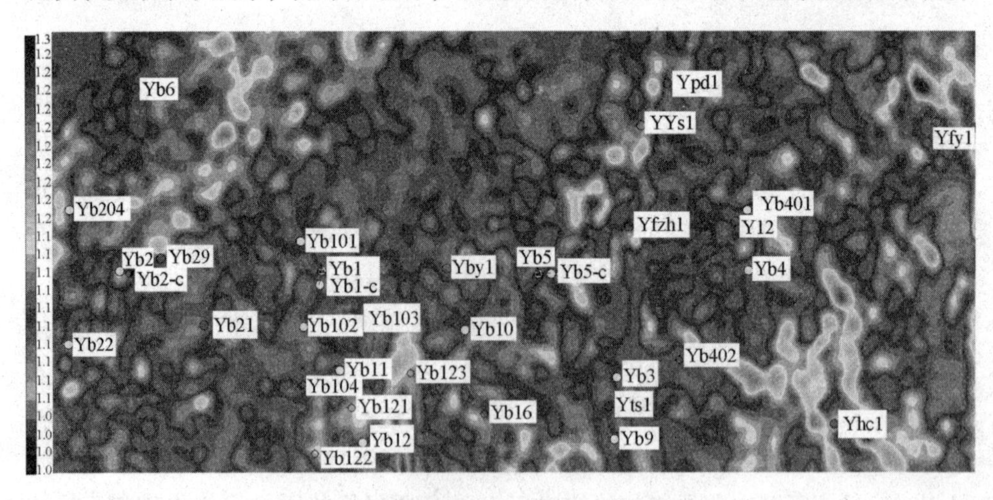

图 3-19　元坝地区雷口坡组 P 波各向异性计算的裂缝因子平面示意图

于1.16~1.10)，主要分布在工区的中部及东南部位；裂缝不发育区域主要为灰色及淡灰色(裂缝因子值小于1.10)，也可能这些区域发育溶洞或溶沟，具体可参照相干体的沿层切片成果来进行综合分析。

3.2 AVO/FVO技术

AVO/FVO分析是研究反射波振幅或频率随炮检距的变化来估测及分析弹性岩石物理特性的一门新的地震勘探技术，已相当成功地应用于地下油气探测，特别是烃类检测、岩性及储层特征的分析研究。

AVO/FVO技术与地震、地质、测井等信息相结合，并将这些信息进行综合分析，这是油气预测的一种好方法，国内外应用它识别真假亮点、预测油气藏等已经有许多的成功例子。AVO/FVO分析主要在共中心点道集(CMP)或共反射点道集上(CRP)进行，CRP道集是经过叠前时间偏移后的地震道集。AVO分析有时可以作为含流体的直接显示，主要是基于储层内部的孔隙或裂缝空间中含流体之后，P波速度(V_P)与S波速度(V_S)的响应之差。P波对孔隙或裂缝内流体的变化敏感，只要岩石孔隙或裂缝空间中有少量的流体如水、气就会使岩石的P波速度明显地降低；相反，S波不受岩石的孔隙空间影响，它主要取决于岩石骨架。由于孔隙或裂缝中含有流体，使得储集层岩石中的V_P/V_S降低，改变了来自储层顶与底的反射的相对振幅，它是波反射到界面上的角度的函数。在CMP道集内，对地震道相对振幅的研究便是振幅随炮检距变化的分析，即AVO分析。

FVO分析的结论可以直接描述含流体发育特征。尤其是存在有裂缝发育的储层内，地震波的频率变化不但与偏移距有关，而且与方位角的变化(裂缝方向)有关。理论研究结果已明确指出(Shen，2002)，当储层内孔隙或裂缝空间含流体时，地震波的频率随着炮检距的增大而逐步衰减，这就是说，对于岩石储集层，孔隙或裂缝空间含流体或不含流体，其地震波的频率衰减特征是不一样的。同样，如果储层内含流体的裂缝方向发育(一组或多组方向)，地震波的频率在裂缝走向要比在裂缝法向衰减的慢。也就是说，在裂缝法向，地震波的频率衰减最大。

在进行FVO分析时，频率估算函数下式给出(Shen，2002)：

$$F(f) = \frac{1}{\sum_{K=M+1}^{P} \alpha_K \left| e^{H}(f) V_K \right|^2} \tag{3-6}$$

式中，α 是加权函数；M 是信号个数；P 是总特征向量；V 是单个特征向量；e 是复正弦向量；上标 H 为汉密顿算子。下面主要是针对 AVO 反演技术进行分析和介绍。

3.2.1 基本弹性参数

在地震勘探中，离震源很近的地方为塑性带，爆炸造成的形变很大，而在远离震源的地方，岩石受力很小，作用时间也很短，岩石可以近似地看成是弹性体，地震波可以看作是岩石层中的弹性波。

在弹性波理论中，弹性波方程反映了弹性波的传播规律，并能揭示弹性波的本质。在 AVO 技术中常用的 5 个弹性参数为：①杨氏模量(或弹性模量)E：它是物质对受力作用的阻力的度量。固体介质对拉伸力的阻力越大，弹性越好，E 值越大。其物理意义是使单位截面积的杆件伸长 1 倍的应力值；②泊松比 σ：它表示杆件受载荷作用的相对缩短量(伸长量)与它的截面尺寸相对增大量(缩小量)之比。它的绝对值介于 0 ~ 0.5 之间；③切变模量(或横波模量)μ：它是切应力与切应变之比，是阻止剪切应变的一个度量，流体无剪切模量即 $\mu=0$；④体积模量 K：它表示物体抗压缩的性质，说明岩石的耐压程度；⑤ λ(常把 λ、μ 称为拉梅系数)：它是阻止横向压缩所需要的拉应力的一个度量，阻止横向压缩的拉应力越大，λ 值也越大。

以上 5 个弹性参数是分辨岩性的基本参数。其中杨氏模量 E 和泊松比 σ 是岩石常用的弹性指标。它们之间关系如下：

若已知拉梅系数 μ、λ，可求取 E、K、σ：

$$E = \mu(3\lambda + 2\mu)/(\lambda + \mu) \tag{3-7}$$

$$\sigma = \lambda/[2(\lambda + \mu)] \tag{3-8}$$

$$K = \lambda + 2/3\mu \tag{3-9}$$

若已知泊松比 σ 和杨氏模量 E，则可求取拉梅系数 λ、μ 和体积模量 K：

$$\lambda = E\sigma/[(1+\sigma)(1-2\sigma)] \tag{3-10}$$

$$\mu = E/[2(1+\sigma)] \tag{3-11}$$

$$K = E/[3(1-2\sigma)] \tag{3-12}$$

3.2.2 纵波与横波

介质中各点的振动方向和波的传播方向相同的波是纵波，也称 P 波、疏密波或压缩波。声波就是纵波的一种。介质中各点的振动方向和波的传播方向相垂直的波是横波，也称 S 波、切变波或剪切波。横波可分为垂直偏振横波(SV 波)和水平偏振横波(SH 波)。

弹性波的速度与岩石物理性质之间的关系如下：

纵波速度：
$$V_P = \sqrt{\frac{\lambda + 2\mu}{\rho}} = \sqrt{\frac{E(1-\sigma)}{\rho(1+\sigma)(1-2\sigma)}} \tag{3-13}$$

横波速度：
$$V_S = \sqrt{\frac{\mu}{\rho}} = \sqrt{\frac{E}{2\rho(1+\sigma)}} \tag{3-14}$$

由于 λ、μ 和 ρ 都是正数，所以式(3-13)、式(3-14)对比，显然有 $V_P > V_S$。在流体介质中，$\mu = 0$，则 $V_P = \sqrt{\frac{\lambda}{\rho}}$，$V_S = 0$，所以横波的传播与纵波不同，它不受岩石在孔隙中充填的流体的影响。

纵横波速度比：
$$\frac{V_P}{V_S} = \sqrt{\frac{2(1-\sigma)}{(1-2\sigma)}} \tag{3-15}$$

如果纵、横波速度已知，则可求得泊松比 σ：
$$\sigma = \frac{0.5\left(\frac{V_P}{V_S}\right)^2 - 1}{\left(\frac{V_P}{V_S}\right)^2 - 1} \tag{3-16}$$

由于 $\sigma = \lambda/[2(\lambda + \mu)]$，所以当 $\lambda = 0$ 时，$\sigma = 0$；当介质为流体 $\mu = 0$ 时，$\sigma = 0.5$ 为最大值。因此，泊松比 σ 值在 0～0.5 范围内。当岩石越坚硬，σ 越小，岩石越疏松，σ 越大，尤其是压裂破碎和含流体后的岩石，泊松比 σ 值明显增高。泊松比大致反映了岩石的特征。

各类岩石的泊松比 σ 有明显的差异：$\sigma_{砂岩} = 0.17 \sim 0.26$，$\sigma_{白云岩} = 0.27 \sim 0.29$，$\sigma_{石灰岩} = 0.29 \sim 0.33$，$\sigma_{煤岩} = 0.38 \sim 0.46$，$\sigma_{风化层} = 0.33 \sim 0.5$，含气砂层 $\sigma = 0.1 \sim 0.2$，含油砂层 $\sigma = 0.22 \sim 0.25$。

在石油物探中，按岩石泊松比 σ 的变化，尤其是含不同流体后岩石 σ 的变化，可以进行岩石的横向追踪，判断岩石的含油、气、水特征。

在含水饱和碎屑砂岩中，纵横波速度之间的关系近似为：
$$V_P = a + bV_S \tag{3-17}$$

3.2.3 速度、密度与波阻抗、孔隙度和弹性系数的关系

波阻抗与密度和孔隙度的关系：

$$\rho V = \frac{\rho}{\Delta t} = \frac{\varphi\rho_f + (1-\varphi)\rho_m}{\varphi\Delta t_f + (1-\varphi)\Delta t_m} \tag{3-18}$$

式中 ρV——波阻抗；

Δt——声波时差；

φ——孔隙度；

ρ_f——流体密度；

ρ_m——基质密度；

Δt_f——流体时差；

Δt_m——基质时差。

由波阻抗计算孔隙度的公式：

$$\varphi = \frac{\rho_m - \rho V\Delta t_m}{\rho V(\Delta t_f - \Delta t_m) - (\rho_f - \rho_m)} \tag{3-19}$$

对于泥质含量较大的地层，由波阻抗计算孔隙度公式为：

$$\varphi = \frac{(1-M)(\rho_m - \rho V\Delta t_m) + M(\rho_S - \rho V\Delta t_S)}{\rho V(\Delta t_f - \Delta t_m) - (\rho_f - \rho_m)} \tag{3-20}$$

式中，M 为泥质含量；其他参数同式(3-13)。

通过速度、密度与弹性参数的关系，利用已知速度和密度，可求取 5 个弹性参数：

杨氏模量：

$$E = \rho\frac{3V_P^2 - 4V_S^2}{(V_P/V_S)^2 - 1}$$

泊松比：

$$\sigma = \frac{0.5(\frac{\Delta V_P}{V_S})^2 - 1}{(\frac{V_P}{V_S})^2 - 1}$$

切变模量：

$$\mu = \rho V_S^2$$

体积模量：

$$K = \rho\left(V_P^2 - \frac{4}{3}V_S^2\right)$$

拉梅系数：

$$\lambda = \rho(V_P^2 - 2V_S^2)$$

3.2.4 AVO 反演属性成果及油气物性含义

1)道集分析

AVO 振幅异常除了随炮检距顺序排列外，还可按入射角顺序排列，即时域($t-x$)和角道集($t-\theta$)的显示。这两种显示在 AVO 分析中是最直观、最基础的，能反映出振幅随炮检距(入射角)的变化趋势，即振幅随炮检距或入射角的增大而增大或增大而减小。一般认为前者是存在油气层的识别标志。

当地震波垂直入射时，在叠前 CMP 或 CRP 道集中的非零炮检距地震道的反射系数(或反射振幅)包含了纵波和横波的信息。其反射系数按照入射角的大、中、小或炮检距的近、中、远进行排序。

$$R_{\mathrm{P}}(\theta) \approx \frac{1}{2}\left(\frac{\Delta V_{\mathrm{P}}}{V_{\mathrm{P}}}+\frac{\Delta\rho}{\rho}\right)+\left(\frac{1}{2}\frac{\Delta V_{\mathrm{P}}}{V_{\mathrm{P}}}-4\frac{V_{\mathrm{S}}^{2}}{V_{\mathrm{P}}^{2}}\frac{\Delta V_{\mathrm{S}}}{V_{\mathrm{S}}}-2\frac{V_{\mathrm{S}}^{2}}{V_{\mathrm{P}}^{2}}\frac{\Delta\rho}{\rho}\right)\sin^{2}\theta+\frac{1}{2}\frac{\Delta V_{\mathrm{P}}}{V_{\mathrm{P}}}(\tan^{2}\theta-\sin^{2}\theta) \tag{3-21}$$

当入射角 $\theta=0°$，即垂直入射时，不含横波速度，为纵波反射系数。

$$R_{\mathrm{P}}(0°)=P=\frac{\rho_2 V_{\mathrm{P}_2}-\rho_1 V_{\mathrm{P}_1}}{\rho_2 V_{\mathrm{P}_2}+\rho_1 V_{\mathrm{P}_1}}=\frac{1}{2}\Delta\ln\rho V_{\mathrm{P}} \tag{3-22}$$

当入射角 $0<\theta\leqslant 30°$ 时，第三项的 $\tan^2\theta-\sin^2\theta\leqslant 0.083$，而 $\frac{\Delta V_{\mathrm{P}}}{V_{\mathrm{P}}}$ 又较小，所以可以略去，而第二项不可忽略，应加上。

$$R_{\mathrm{P}}(\theta)=\frac{1}{2}\left(\frac{\Delta V_{\mathrm{P}}}{V_{\mathrm{P}}}+\frac{\Delta\rho}{\rho}\right)+\left(\frac{1}{2}\frac{\Delta V_{\mathrm{P}}}{V_{\mathrm{P}}}-4\frac{V_{\mathrm{S}}^{2}}{V_{\mathrm{P}}^{2}}\frac{\Delta V_{\mathrm{S}}}{V_{\mathrm{S}}}-2\frac{\Delta\rho}{\rho}\right)\sin^{2}\theta \tag{3-23}$$

当入射角较大 $\theta>30°$时，此时的($\tan^2\theta-\sin^2\theta$)增加较快，不能忽略，必须加上第三项。

$$R_{\mathrm{P}}(\theta)=\frac{1}{2}\left(\frac{\Delta V_{\mathrm{P}}}{V_{\mathrm{P}}}+\frac{\Delta\rho}{\rho}\right)+\left(\frac{1}{2}\frac{\Delta V_{\mathrm{P}}}{V_{\mathrm{P}}}-4\frac{V_{\mathrm{S}}^{2}}{V_{\mathrm{P}}^{2}}\frac{\Delta V_{\mathrm{S}}}{V_{\mathrm{S}}}-2\frac{\Delta\rho}{\rho}\right)\sin^{2}\theta+\frac{1}{2}\frac{\Delta V_{\mathrm{P}}}{V_{\mathrm{P}}}(\tan^{2}\theta-\sin^{2}\theta) \tag{3-24}$$

岩石中充满气体以后，$R_{\mathrm{P}}(\theta)$（反射振幅)通常随炮检距(入射角)的增大而增强，不含气时 $R_{\mathrm{P}}(\theta)$（反射振幅)随炮检距(入射角)的增大而减弱，在接近临界角时又逐渐增强。

2)截距 P

P 为由零炮检距截距构成的地震道，即纵波的叠加道，它代表对反射界面两侧波阻抗变化的响应。

$$P = \frac{\rho_2 V_{P_2} - \rho_1 V_{P_1}}{\rho_2 V_{P_2} + \rho_1 V_{P_1}} = \frac{1}{2}\Delta \ln \rho V_P \tag{3-25}$$

在 P 波剖面上波峰表示由低阻抗到高阻抗的正反射界面，波谷表示负反射界面。常规处理后的叠加地震道是不同入射角(或炮检距)记录的平均，只能作为零炮检距反射纵波的近似。而 P 波剖面则是更接近于零炮检距剖面，所以，更适合用于反演处理。含气后，V_P 减小，ρ 值不变，反射振幅增大。

3)梯度 G

当地震波入射角 $\theta \leqslant 30°$ 时，反射系数公式省略第三项，由式(3-26)表示：

$$R_P(\theta) = P + G\sin^2\theta \tag{3-26}$$

假设 $\frac{V_P}{V_S} \approx 2$，那么 $G = -P + \frac{9}{4}\Delta\sigma$，该 G 的表达式说明在上、下两层介质的波阻抗一定时，泊松比差 $\Delta\sigma$ 对反射振幅随入射角的变化影响较大(图 3-20)，$\Delta\sigma$ 越大，反射振幅 $R_P(\theta)$ 随入射角的变化也越大。

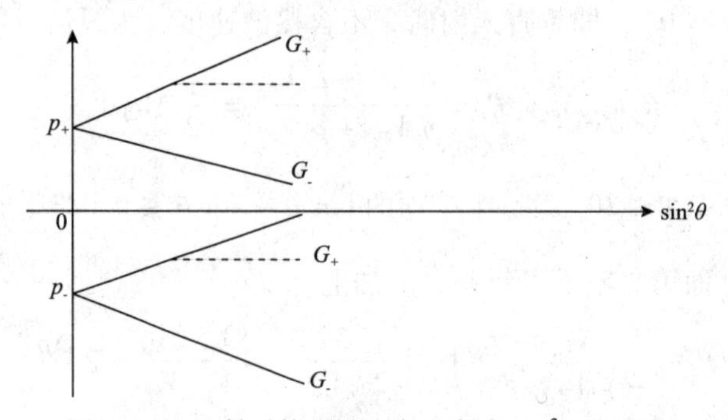

图 3-20　反射系数 $R_P(\theta)$ 与入射角 $\sin^2\theta$ 关系图

P、G 皆可正可负，相互关系如图 3-20 所示，常见的 AVO 特性按 P 和 G 的符号有 4 种情况，即 $P>0$，$G>0$；$P>0$，$G<0$；$P<0$，$G>0$；$P<0$，$G<0$。当 P 与 G 同号时，会出现振幅绝对值随入射角的增大而增大，当 P 与 G 异号时，会出现振幅绝对值随入射角增大而减小。在一般 CRP 道集上，油气层的振幅随入射角的增大而增大，而含水层振幅随入射角的增大而减小，利用这种差异识别油气层，但要注意的是这种差异并非都是油气层所致。

4)泊松比反射($P+G$)

它反映了纵、横波速度比或泊松比的变化情况，由 $P+G = \frac{4}{9}\Delta\sigma$ 关系式，当反射界面上、下岩层的波阻抗值(或 P 值)一定时，影响 $R_P(\theta)$ 变化率的参数就是上、下岩层的泊松比差（$\Delta\sigma = \sigma_2 - \sigma_1$）。当 $\Delta\sigma > 0$ 时，说明上层介质的泊松比小于下层介质的泊松比，泊松比是增大的；当 $\Delta\sigma < 0$ 时，说明上层介质的泊松比大于下层介质的泊松比，泊松比是减小的。因此，泊松比参数在 AVO 中起着重要的作用。一般情况下岩石的泊松比随深度的增加而减小，含油气后会降低。

由泊松比与纵横波速度的关系式：$\sigma = \dfrac{0.5(\frac{V_P}{V_S})^2 - 1}{(\frac{V_P}{V_S})^2 - 1}$ 可知，假设岩石不含气时，若 $\frac{V_P}{V_S} = 2$，则 $\sigma = 1/3$；如果含气时 V_P 降低，若 $\frac{V_P}{V_S} = 1.5$，则 $\sigma = 1/10$，泊松比则明显降低。因而岩层含气后，上、下介质的泊松比差 $\Delta\sigma$ 也会随之增大，所以 $P + G = \frac{4}{9}\Delta\sigma$ 会增加。由此推断，储层含气以后，泊松比($P+G$)剖面显示高值。

5）碳氢检测($P \cdot G$)

在多数情况下，油气的存在使反射振幅 P 和梯度 G 绝对值都会增大，因此，$P \cdot G$ 剖面会更加突出，正异常($P \cdot G > 0$)说明在 AVO 增加的域，可能有油气存在，负异常为 AVO 减小的域。

6）流体因子 $\lambda\rho$

利用 AVO 分析所得到的纵、横波波阻抗进行流体因子 $\lambda\rho$ 计算，得到相关的 $\lambda\rho$ 数据体。该 $\lambda\rho$ 的计算公式如下：

$$\lambda\rho = I_P^2 - 2I_S^2 \tag{3-27}$$

式中，I_P、I_S 分别为纵、横波波阻抗。

7）P 波速度与 S 波速度

这一对属性剖面是 AVO 反演中 Aki & Richards 种类属性的最基本属性剖面，由于密度变化相对较小，它们的 AVO 异常特征与它们分别对应的 P 波波阻抗反射及 S 波波阻抗反射属性剖面很类似，所以在进行 AVO 异常分析解释时，可以只选出其中一种属性剖面。

当含气时，V_P 大幅度减小，而 V_S 基本不变（略有增大），因而 $\Delta V_P/V_P$ 大幅度增加，$\Delta V_S/V_S$ 基本不变。所以，若含气，一般在 P 波速度反射剖面上可以看到 AVO 异常，而在 S 波速度反射剖面上却看不到，两者有着明显的反差，是寻找 AVO 含气异常最基本、最有力的分析对比剖面。

8）伪泊松比

由表达式 $R_q(\theta) = \Delta q/q$（$q = V_P/V_S$）可知，当储层含气后，V_P 降低，V_S 不

变，则 Δq 绝对值增大，而 q 相对变小，所以 $R_q(\theta)$ 在伪泊松比反射属性剖面上显示为高值。

9)拉梅系数

表达式为 $R_\lambda(\theta) = \dfrac{\Delta(\lambda \cdot \rho)}{\lambda \cdot \rho}$，$\lambda = \rho(V_P^2 - 2V_S^2)$。

储层含气后，V_P 降低，V_S、ρ 不变，λ 变小，$\Delta\lambda$ 变大，所以 $R_\lambda(\theta)$ 显示为高值。

10)剪切模量

表达式为 $R_\mu(\theta) = \dfrac{\Delta(\mu \cdot \rho)}{\mu \cdot \rho}$，$\mu = \rho V_S^2$。

储层含气后，ρ、V_S 变化微弱，剪切模量反射剖面振幅值变化不大，所以剪切模量反射剖面对含气储层反映不敏感。

11)弹性波阻抗

弹性波阻抗反射表达式为：

$$R_{EI}(\theta) = \frac{\Delta EI(\theta)}{EI(\theta)} = P + G\sin^2\theta \tag{3-28}$$

弹性波阻抗表达式为 $EI(\theta) = V_P^{(1+\sin^2\theta)} \cdot V_S^{(-8k\sin^2\theta)} \cdot \rho^{(1-4k\sin^2\theta)}$，$k$ 为常数。

弹性波阻抗反射剖面，即弹性阻抗变化率剖面，含气储层弹性波阻抗剖面一般显示为小值。

12)不同入射角度的属性数据体

按一定入射角度范围进行叠加、偏移处理，能产生各种角度的属性剖面。通常可以产生小角度、中角度、大角度范围的属性数据体，这些属性数据体的剖面往往也能很好地反映地震振幅随入射角变化的特征。在含气层段，大角度属性的振幅往往要比中、小角度属性的强，反射强度由小角度、中角度到大角度逐渐增强，剖面或平面成果很直观。所以，这些不同角度属性数据也是寻找含气异常的很好的分析资料。

3.2.5 CMP 道集处理及叠前弹性波阻抗计算

1)CMP 道集处理

对 CMP 道集数据经变换转到针对目的层的角度道集，对入射角小于或等于30°范围内的道集数据进行分 n 个入射角范围内的道集数据叠加，对叠加数据进行偏移处理，并提取相关数据体的属性；再对 n 个属性数据进行针对 CDP 点号的数据重构，利用重构数据体进行分析(图 3-21)。根据振幅与频率相关的

AVO/FVO 分析显示，FVO 适于进行梯度计算，所得结果优于 AVO 梯度；而泊松比计算则利用重构的 AVO 数据及相关测井数据进行，通常要求 $n \geqslant 3$ 个，所求取的频率类属性通常为衰减梯度属性、起始衰减频率属性等。

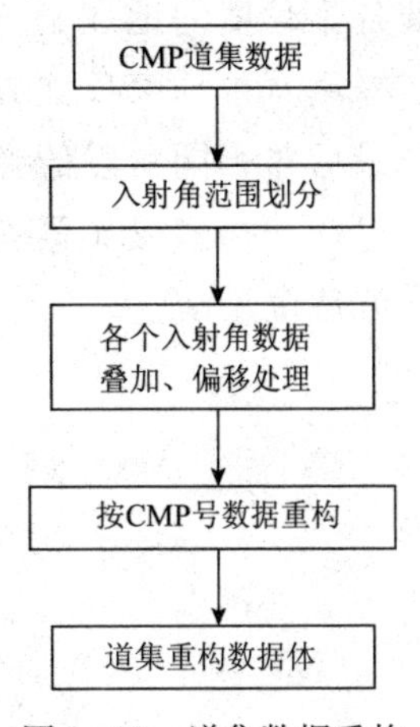

图 3-21　道集数据重构处理流程图

2) 叠前弹性波阻抗反演

Connolly(1999) 对传统 AVO 分析方法进行了分析，提出了一种弹性波阻抗反演方法。Cambois(2000) 研究指出，弹性波阻抗比传统的 AVO 截距和梯度具有更高的抗噪音及干扰能力；一般情况下 CMP 道集普遍存在较为严重的噪音及干扰，需要将噪音及干扰去除。现阶段大多数地球物理商业软件采用叠前弹性参数反演技术来实现反演纵横波阻抗、泊松比、拉梅常数和剪切模量等参数，对岩石的机械特性、裂缝发育特征、储层的含油气性进行精细描述，常规的叠前弹性波阻抗反演可以由下面的 6 个步骤逐步实现：

(1) 测井数据解释，求取各井的含水饱和度 (S_W)、泥质含量 (V_{SH})、砂岩百分比含量 ($SAND$)、孔隙度 (POR)。

(2) 测井横波反演，求取各井的横波 (V_S)、纵横波比 (V_P/V_S)、泊松比 (σ)、拉梅系数 (λ、μ) 等。

(3) 测井弹性波阻抗反演，求取各井的各个入射角的弹性波阻抗 (EI) 曲线。

(4) 测井弹性波阻抗曲线子波提取，求取井的弹性波阻抗子波，为后面的地震弹性波阻抗反演做准备。

(5) 地震弹性波阻抗反演，求取地震各个入射角的弹性波阻抗数据体（角道集）。

(6) 地震弹性参数反演，求取 P 波波阻抗数据体、S 波波阻抗数据体、拉梅系数数据体、剪切模量数据体和泊松比数据体。

叠前弹性波阻抗反演的基本思路如图 3-22 所示。主要基于流体置换模型技术反演井中横波速度，根据井中纵波速度、横波速度和密度数据计算井中弹性波阻抗，在复杂构造框架和多种储层沉积模式的约束下，采用地震分形插值技术建立可保留复杂构造和地层沉积学特征的弹性波阻抗模型，使反演结果符合研究区的构造、沉积和异常体特征。其次，采用广义线性反演技术反演各个角度的地震子波，得到与入射角有关的地震子波。在每一个角道集上，采用宽带约束反演方法反演弹性波阻抗，得到与入射角有关的弹性波阻抗。最后对不同角度的弹性波阻抗进行最小二乘拟合，即可计算出纵横波阻抗，进而获得泊松比等弹性参数。其中，关键技术是基于流体置换模型的井中横波速度反演。

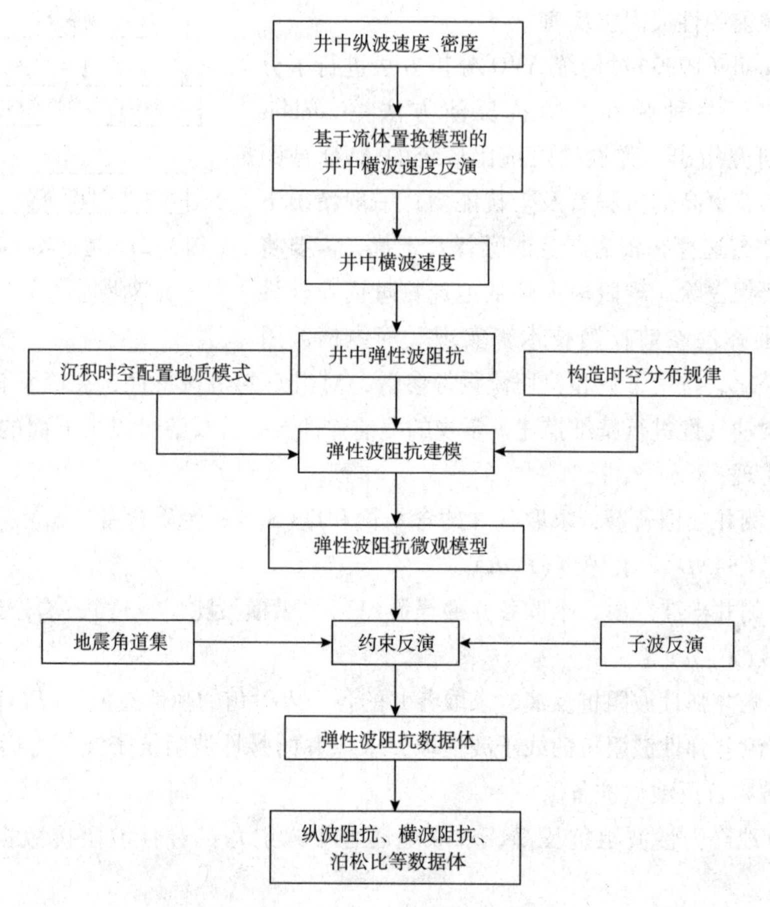

图 3-22　叠前弹性波阻抗反演基本思路

3.2.6　AVO/FVO 技术应用实践

3.2.6.1　FM 地区茅口组

1) AVA 分析

AVA(Amplitude Variation with Angle)分析是在 Zoeppritz 方程的基础上发展起

来的，通过处理地震数据随着不同入射角地震反射属性，得出地震属性随着入射角变化而改变，研究分析得到反映岩性变化的纵波速度、横波速度、泊松比和截距与梯度剖面，预测裂缝储层的发育及分布。总的来说，AVA 技术是 AVO 技术的一种变形。当然，FVA 技术(频率类属性随入射角变化而变化)也是 FVO 技术的一种变形。

利用角道集数据体可以预测含气型的缝洞型储层。角道集地震数据是在地震资料处理中，根据地震数据入射角不同而得到的不同入射角地震数据(简称 AVA 道集)。对地震资料进行处理得到不同角道集数据，再利用叠前反演技术对地震角道集数据进行反演即可获得不同角度的弹性波阻抗。对于 AVA 属性剖面来说，一般情况下在梯度剖面中气层呈负的大值异常，在截距剖面上气层呈正的大值异常。也可以联合截距(A)、梯度(B)剖面作了 $A \times B$ 剖面，在 $A \times B$ 剖面上气层呈负的大值异常。从 FM 地区茅口组的 AVA 属性剖面分析，目的层有一定的 AVA 异常现象，目的层以下地层组 AVA 现象也比较突出，裂缝发育比较集中，缝、洞造成了介质很强的各向异性，各向异性的存在也会导致 AVA 现象。在图 3-23 中茅口组裂缝型储层的分方位角地震剖面上可以看出，振幅随入射角呈变小的趋势(图 3-23 中的虚线框内)(表 3-2)。

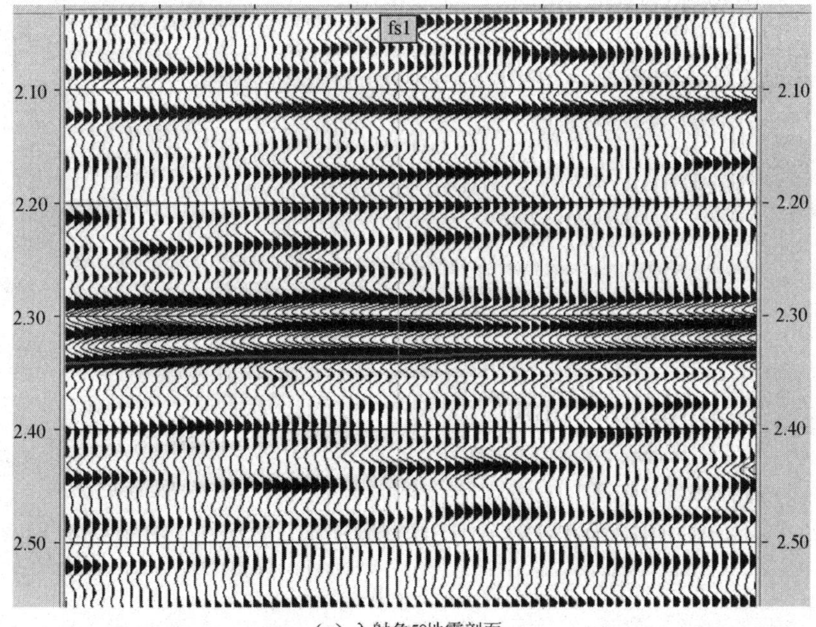

(a) 入射角5°地震剖面

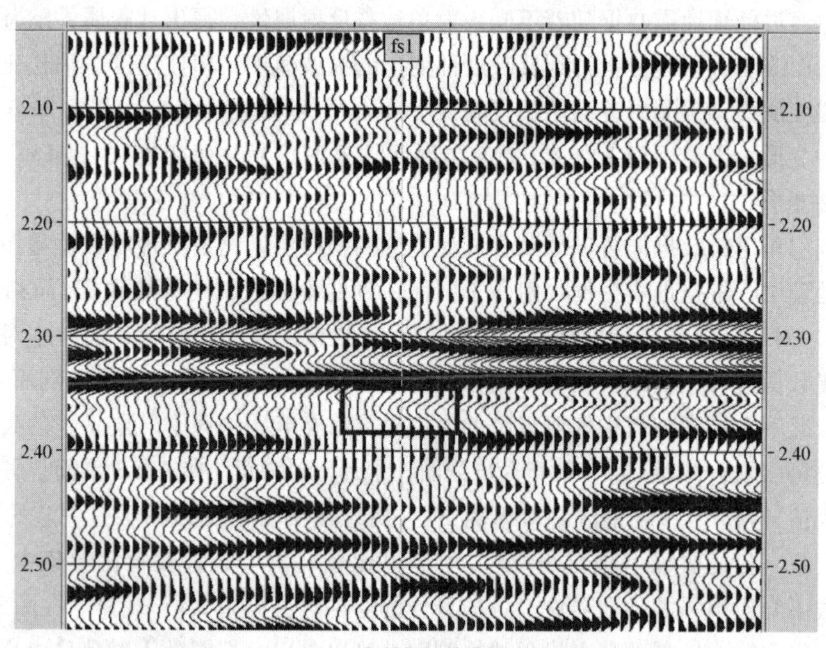

（b）入射角15°地震剖面

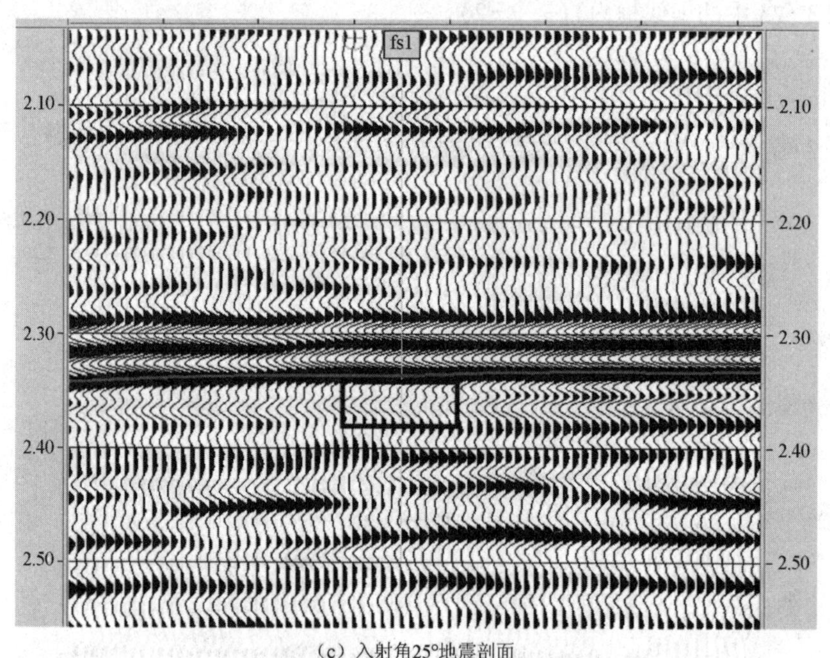

（c）入射角25°地震剖面

图 3-23　FM 地区针对茅口组计算的 3 个入射角地震剖面图

表3-2 FM地区fs1井茅口组裂缝型储层振幅与入射角关系

振幅值	24.2	18.3	8.6
入射角/(°)	5	15	25

2)AVA反演应用效果分析。

研究证明，在AVA梯度剖面上气层呈负的大值异常，在截距剖面组气层呈正的大值异常。从FM地区AVAZ茅口组裂缝型储层的梯度数据和截距数据来看，AVA梯度值呈负值状态，且值越小则该裂缝储层也相对含气越好；从其茅口组裂缝型储层的截距值来看，截距呈正的大值越好，则储层富气程度越好。

由图3-24可知，灰黑色的裂缝型储层(梯度值小于-10)主要呈4个条带状分布(图3-24中的①、②、③及④号条带为主体区域)，条带走向为NW及NE向。其中，③号条带分别为以fs1井区西南部为中心的一个条带，为裂缝+溶洞

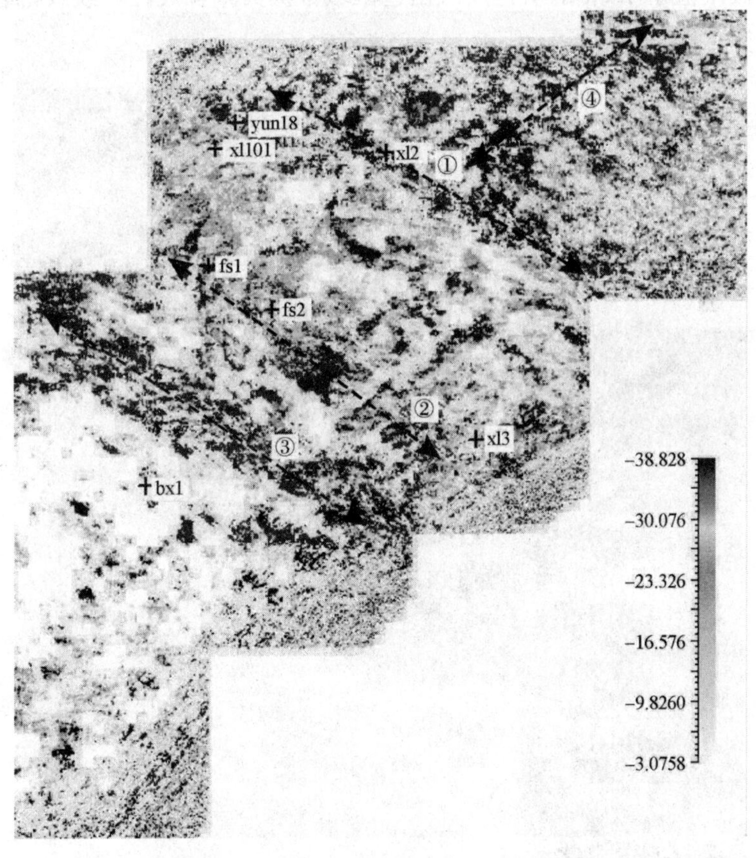

图3-24 FM地区茅口组沿层AVA梯度平面图

型储层，推测该条带的流体类型可能为气—水型，原因是该条带位于构造的较低部位，但也推测该条带区域局部富含天然气；另一条带以 fs1 井为中心条带(②号条带)，推测该条带的储层类型为裂缝型含气储层，主要是该条带位于构造较高部位，条带上推测区域局部也相对富含天然气；第三条带以 xl101 井—xl2 井附近为中心(①号条带)，鉴于该条带在构造上处于低部位，推测缝洞型储层所含的流体类型为气—水型，也有可能局部区域也相对富集天然气；④号条带位于 xl2 井的东北部位，面积相对较大，储层所含流体类型推测为气—水同层，预测区域局部也相对富集天然气，这些富含气区域没有相关的钻井进行验证。通过井上标定及根据地质认识推测平面成果图中梯度值大于 -10 时，预测这些区域为差含气或岩性相对致密区域。此外，从图 3-25 来看，该截距平面图上也能分出 4 个条带，见图中的灰黑色区域，该区域的截距呈正的大值(截距值大于 34)，而截距值小于 34 的灰色及灰白色区域推测为差含气区域或致密岩石分布的区域。

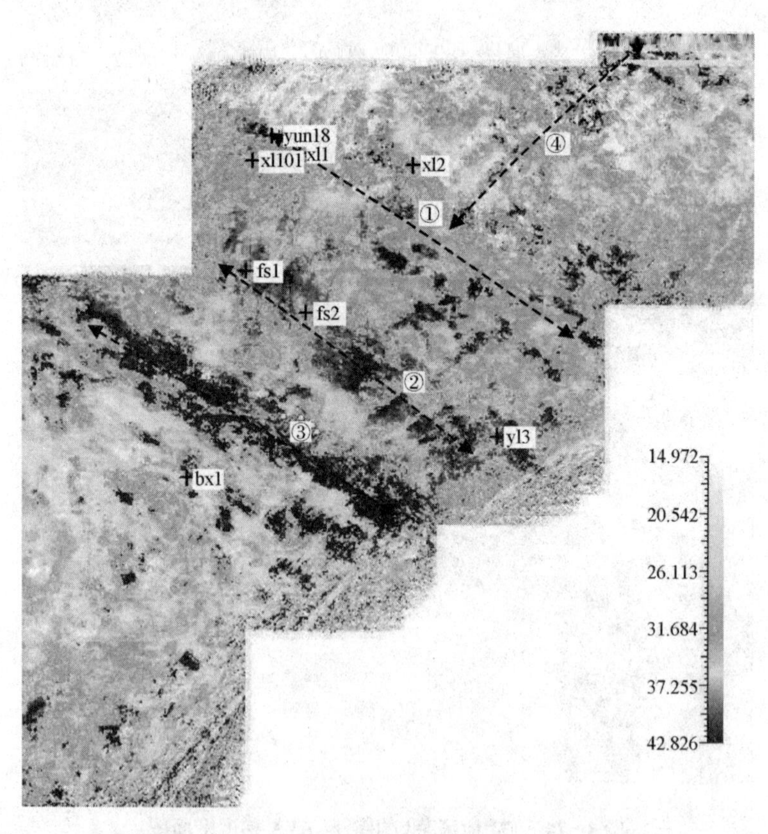

图 3-25　FM 地区茅口组沿层 AVA 截距平面图

对裂缝因子与梯度叠合显示平面图分析发现(图 3-26)，大部分两者的异常呈叠合状态，这样的区域是勘探的优先区域；但也有差异的情况出现，表明 FM 地区茅口组的溶洞及裂缝并不是完全充填流体的，推测可能已被别的岩性所充填，这要引起勘探者的高度重视，也表明缝洞型储层内的充填物是多样性的，也可能充水或气，或已被上覆充填物所覆盖而丧失含流体的能力。

对 P 波各向异性计算所得到的裂缝因子与 AVA 梯度数据进行相应的交会分析，交会分析如图 3-27 所示。图中 Y 轴为梯度属性，X 轴为 P 波各向异性计算出的裂缝因子属性，由于裂缝型储层的梯度值为负值，故对梯度 0 值线向下进行 4 类划分交会。图 3-27 中，①类区域(三角形)代表该区域内数据点的梯度值为大于 -80 及小于 -10、裂缝因子值大于 1.75；④类三角形区域的数据点则代表梯度值为小于 -80、裂缝因子值大于 1.75；②类三角形区域的数据点则代表梯度值为大于 -80 及小于 -10、裂缝因子值小于 1.75 及大于 1.05；③类三角形区域的数据点则代表梯度值为小于 -80、裂缝因子值小于 1.75 及大于 1.05。

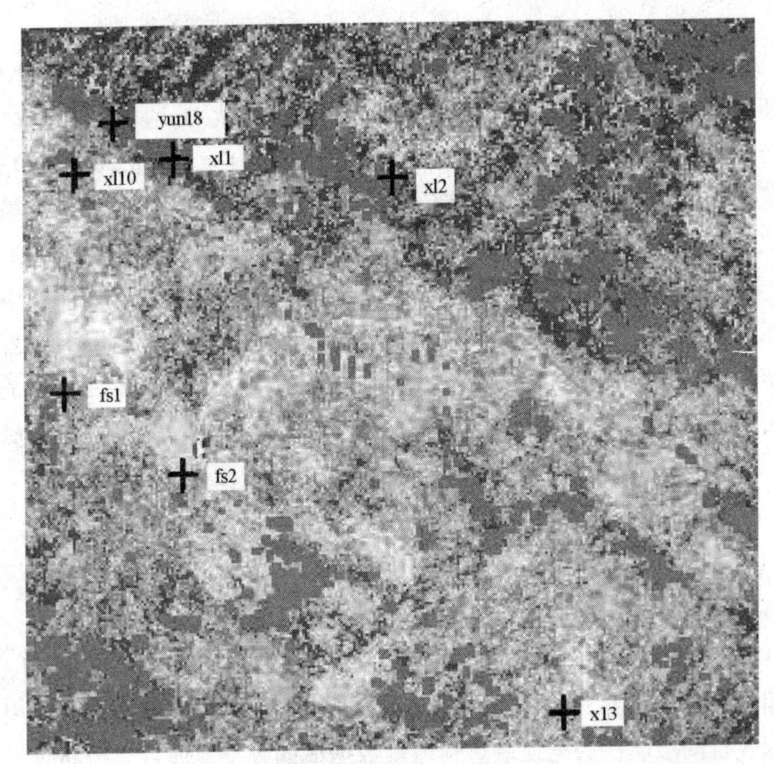

图 3-26　FM 地区茅口组 AVA 梯度与裂缝因子叠合显示平面图

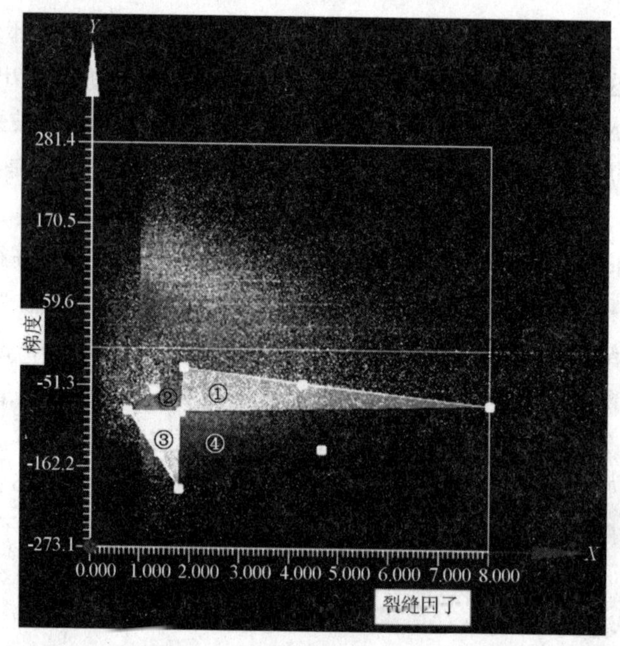

图 3-27　FM 地区茅口组 AVA 梯度与裂缝因子交会示意图

对交会结果进行分析，如图 3-28 所示，可见 fs1 井处在图中的灰黑色区域。由此推断，预测交会投影平面图上的灰黑色区域的储层类型(②类区域)及含气性应该与 fs1 井相似，在梯度平面图中的 4 个条带中广泛分布(斑块状)；而 xl2 井处在灰色区域，岩心显示该井裂缝发育而测试后不产气(表明裂缝已被其他物质所充填)；从平面图上看，灰色区域应该是裂缝发育但非产气区域(①类区域)，主要分布在高陡背斜侧翼区域并少部分夹杂在 4 个条带中。而图中的灰白色区域相对较少(③类区域、④类区域)，表明这两种类型的储层不发育，大体上也分布在高陡背斜侧翼区域，推测也不是含气储层；其次，推测图中的白色区域为致密无储层。总而言之，预测②类区域是 FM 地区茅口组缝洞型储层的大体分布区域。

3.2.6.2　元坝地区雷口坡组

1)FVO 分析

FVO 分析的具体做法是利用元坝地区的动校正后的道集数据划分入射角范围后(3 个)得到的 3 个道集数据，并对这些道集数据进行叠加、偏移处理，得到 3 个入射角的数据体，并对这 3 个数据体按 CDP 号进行抽道集处理，利用重构的道集数据、目的层层位数据提取重构道集数据体的频率类属性，分析该频率类属性随偏移距(入射角)的变化。

图 3-28 FM 地区茅口组 AVA 梯度与裂缝因子交会投影平面图

利用 FVO 计算所得的梯度及截距数据体提取雷四段目的层段的沿层切片(图 3-29、图 3-30)，并利用相关井上的含气层段与梯度及截距数据标定情况进行分析。从图 3-29 来看，缝洞型储层含气时表现出 FVO 截距数据小值的情况，储层含气程度越高则 FVO 截距数据越小；FVO 截距数据越大则储层相对越致密，缝洞型储层越不发育，这个特征和 FM 地区茅口组的截距与含气性的关系正好相反。当然 FVO 截距数据为大值时，也有可能是缝洞被充填、相对致密所致，要结合相关的成果进行分析(如相干技术等)。从 FVO 截距平面图来看，缝洞型储层分布没有规律性，呈斑块状、片状展布。其中，暗灰色的区域是缝洞型储层相对富含气的区域(截距值小于 12)，布置在这些区域上的钻井大多数获得工业气流，主要分布在中部及南部；淡灰色至灰白色的区域(截距值介于 12 ~ 50)预测是差含气—相对含气的区域，其分布特点是与富含气区域相伴，主要分布在中部及南部；灰黑色区域(截距值大于 50)为储层相对致密的区域，主要分布在西部及北部的一些区域，分布面积相对较大并具有一定的整体性。

图 3-29　元坝地区雷口坡组沿层 FVO 截距平面图

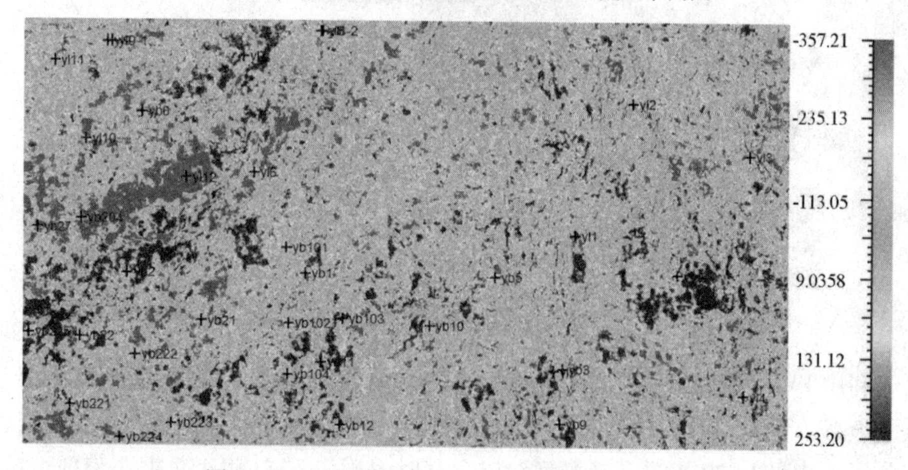

图 3-30　元坝地区雷口坡组沿层 FVO 梯度平面图

从图 3-30 来看，缝洞型储层含气时表现出 FVO 梯度数据大值的情况，储层含气程度越高则 FVO 梯度数据越大；FVO 梯度数据越小则储层相对越致密，缝洞型储层越不发育，这个特征也与 FM 地区茅口组的梯度与含气性的关系正好相反。从两张平面图上(图 3-29、图 3-30)来看，具有可对比性。相对富含气的黑色区域(FVO 梯度值大于 120)与截距值小于 12 的平面上分布区域相对吻合(注意在平面上呈斑块状分布)，这样的区域也是缝洞型储层勘探的首选区域。另外，当 FVO 梯度值介于 -100 ~ 120 之间的区域属于差含气—相对含气的区域，FVO 梯度值小于 -100 的区域属于缝洞型储层相对致密的区域。

2)叠前弹性波阻抗分析

根据商业化软件的叠前弹性反演的要求，提取3个入射角数据体(入射角分别为8°、16°和24°)的井中子波，利用子波及3个入射角数据体进行叠前弹性波阻抗反演(图3-31)。该技术的关键是求取横波及反演的子波，鉴于横波的实测相对较少，一般采用相关的测井数据进行计算求取横波。

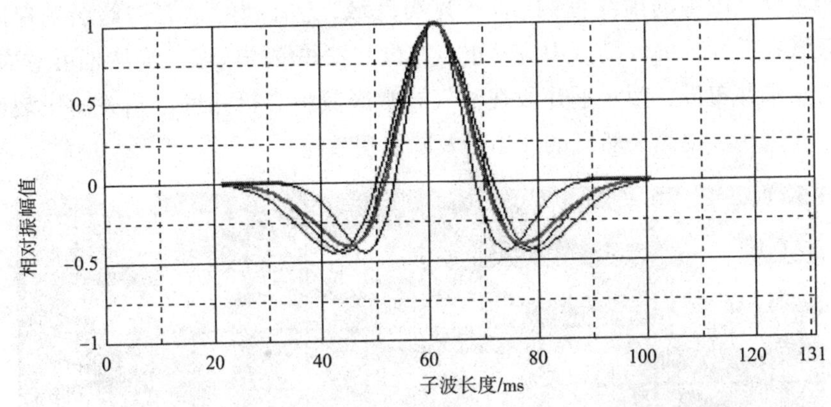

图3-31　元坝地区yb4井3个入射角子波及平均子波示意图

通过叠前弹性反演计算获得了纵、横波阻抗数据体，并沿元坝地区雷口坡组的层位数据提取相关的纵、横波阻抗数据切片，对相关数据进行交会后并分类投影到平面图上进行显示(图3-32、图3-33)。图3-32显示出这两种数据交会后可以分为4种类型，分别为Ⅰ、Ⅱ、Ⅲ、Ⅳ类；其中，Ⅲ、Ⅳ类表现出的低纵、

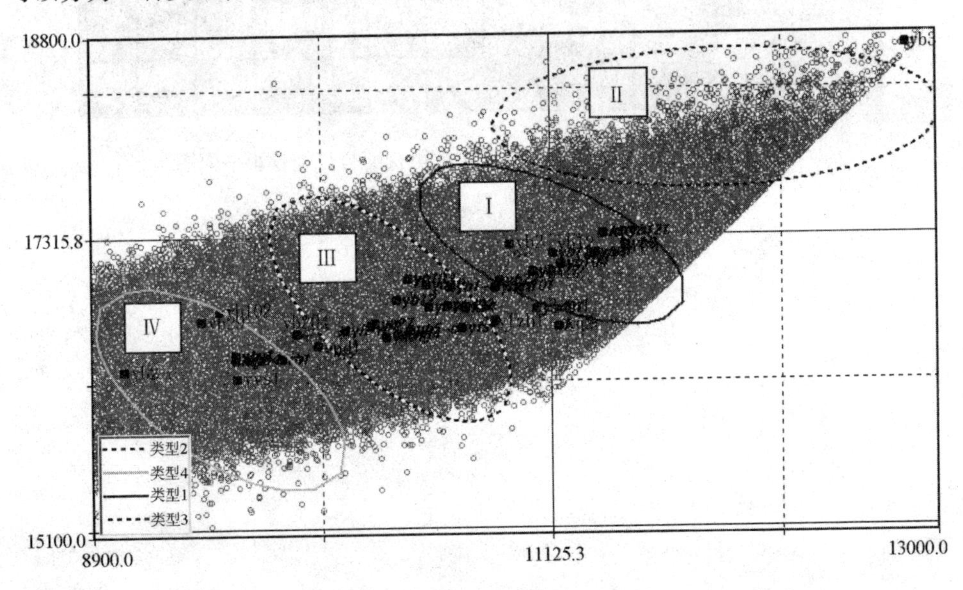

图3-32　元坝地区雷口坡组纵、横波阻抗交会及分类示意图

横波阻抗值为缝洞型储层的分布特征，这也与从井上标定的缝洞型储层段的特征相对应。所以，根据缝洞型储层含气后的地球物理特征及井上标定情况可以判断，缝洞型储层表现出低纵、横波阻抗值及低泊松比值的特点。通过将交会数据点投影到平面图上进行显示(图3-33)，这些特点也与已知钻井上的地质、测试资料相吻合，图中的虚线框内(Ⅲ+Ⅳ类区域)为有利的缝洞型储层勘探区域，这些区域在后续的油气勘探中应是重点布设开发井位的区域，当然也可对这些区域进行水平井布设，使水平井段在油气异常区域中穿行并进行相关的压裂作业，这样才能进一步提高天然气的产出量及降低费效比。

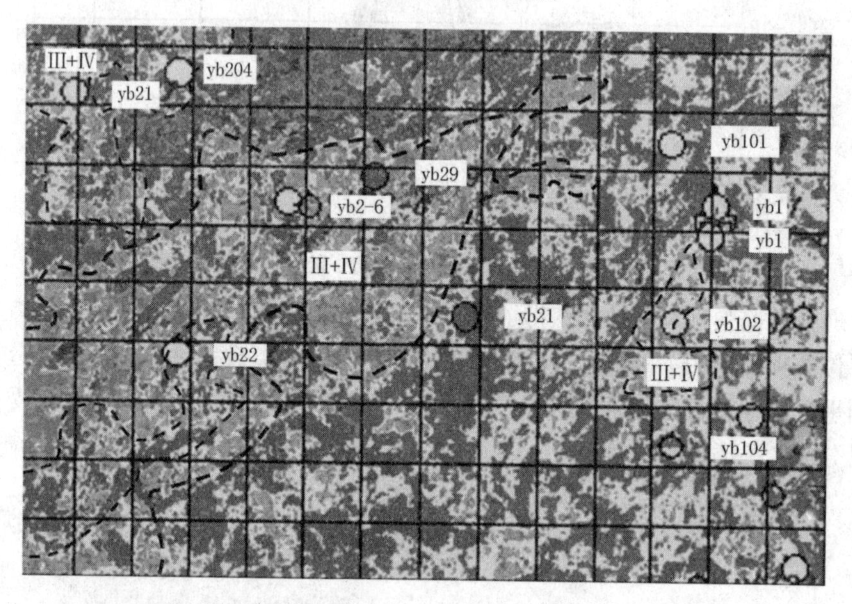

图3-33　元坝地区雷口坡组纵横波阻抗交会分类投影平面图

4 构造应力场模拟

在地壳中或地球体内，应力状态随空间点的变化称为地应力场，或构造应力场。地应力场一般随时间变化，但在一定地质阶段相对比较稳定。研究地应力场，就是研究地应力分布的规律性，确定地壳上某一点或某一地区，在特定地质时代和条件下，受力作用所引起的应力方向、性质、大小以及发展演化等特征。随着地质演化，一个地区常常经受多次不同方式的地壳运动，导致同一地区内，呈现出受不同时期、不同形式地应力场作用所形成的各种构造及其叠加或改造的复杂景观。因此，只有最近一期地质构造，未经破坏或改造，才能确切地反映这个时期的地应力场。

地应力场的特点与演化，对含油气盆地内油气藏、油气田、油气聚集带的形成、类型及分布具有重要的控制作用。地应力是油气运移、聚集的动力之一；地应力作用形成的储层裂缝、断层及构造是油气运移、聚集的通道和场所之一。通过地层应力场分析，可以预测构造成因的裂缝在研究区域的发育和分布规律。

地壳岩体的变形和裂缝系统的形成常常受到构造运动及其作用强度的影响，裂隙的产生同构造应力场分布密切相关。构造应力场数值模拟技术是数学、力学手段的一种模拟方法，利用这种模拟技术，计算了研究区内主应力和剪切应力的分布，预测出研究区内裂隙发育带的宏观平面分布。

数值模拟技术是对储层构造裂缝进行定量预测及确定构造缝空间分布的一种有效方法。李辉等(2006)介绍了用于裂缝预测的数值模拟包括：构造应力场数值模拟、变形数值模拟和岩层曲率数值模拟。

构造应力场数值模拟是在建立地质模型的基础上，用有限元法计算各点的最大主应力、最小主应力和最大剪应力、岩石的破裂率、裂缝密度、应变能、剩余强度等裂缝预测参数，并计算各点的主应力方向和剪应力方向，然后根据岩石的破裂准则来预测裂缝发育带和延伸方向，或者根据应变能计算裂缝发育程度。也可以将破裂率和应变能结合起来，用二元拟合的关系来标定裂缝密度。

变形数值模拟包括有限变形数值模拟和应变数值模拟。前者用分解的方法把物体变形过程中的应变和转动分离开来，用平均整旋角的平面变化表示构造裂缝的发育程度和延伸方向。后者在计算主应变和剪应变的基础上，根据应变与破裂的关系预测裂缝的发育程度和延伸方向。

岩层受力变形，在弯曲部位会产生张裂缝，其曲率值与裂缝发育程度存在密切的相关性。用岩层曲率数值模拟法可计算裂缝岩石的孔隙度。

4.1 构造部位和构造应力

储集层构造裂缝发育的程度，除了与所受构造应力有关外，还与岩性、厚度以及所处的构造位置有关。在某一地质历史时期，某一有限范围内所受的区域构造应力基本是统一的，但因不同构造部位、岩性及其结构上的差异(主要表现在岩石弹性模量、泊松比、抗张强度和抗剪强度等岩石参数的不同)或者各向异性，必然造成不同部位局部构造应力场不同(包括主应力方位与大小差异)，从而造成构造裂缝发育程度的不均一性。因此可以说构造应力场、构造位置是储层构造裂缝形成的外因。而储集层岩性、岩层厚度则是储层构造裂缝形成的内因。

裂缝的发育与构造部位及构造应力密切相关。主要体现在：①构造应力是几乎所有构造裂缝形成的力源之一，构造应力对裂缝形成的控制主要取决于岩层所受构造应力的大小，性质及受力次数；②构造应力对区域构造形迹的产生和改造作用也比较显著，构造产生的构造形迹(背斜、断层)也与裂缝的发育有关系，一般认为以下几个区域是裂缝较为发育的区域(图4-1)：①随着距离断层的距离增大，大裂缝、微裂缝数明显减少，也就是说断层附近为裂缝发育区域；②弯曲断层的外凸区是应力集中区，也是裂缝相对发育带；③多组断层交汇区和转换区也是会造成应力集中的区域，是裂缝相对发育带；④断层的末端区也是裂缝相对发育带。

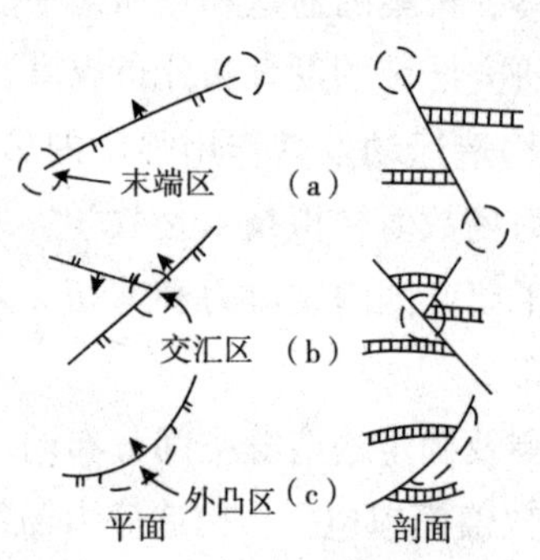

图4-1 断层效应类型示意图

4.2 应力场分析技术

针对背斜等张裂缝的储层构造，以弯曲薄板作为力学模型，利用地层的几何信息，计算出地层面的曲率张量、变形张量和应力场张量等地层的应力场参数，作为其进一步判断裂缝的参考依据。

弯曲薄板理论假设所研究的地层是均匀连续、各向同性、完全弹性的，并认为地层的形成是完全由构造应力所形成的。

设以薄板中面为 $z=0$ 的坐标面，规定按右手规则，以平行于大地坐标为 X、Y坐标，以向上为正。沿 X、Y 正方向的位移分别为 u_x、u_y，沿 Z 方向的位移为扰度 $w(x, y)$(图 4-2)。

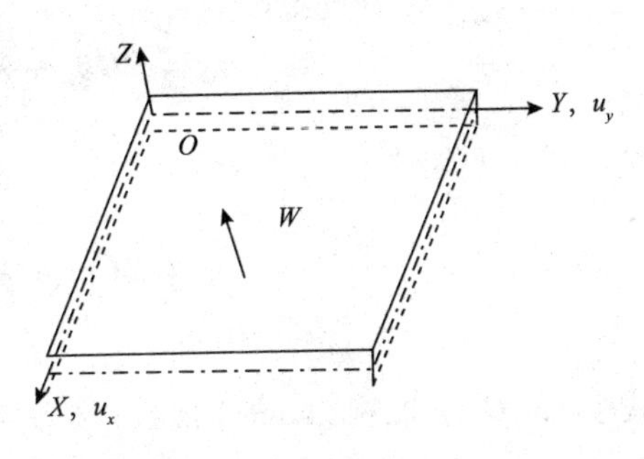

图 4-2　薄板模型示意图

4.2.1　基本公式

直角坐标系中的变形几何方程为：

$$\varepsilon_x=\frac{\partial u_x}{\partial x},\varepsilon_y=\frac{\partial u_y}{\partial y},\gamma_{xy}=(\frac{\partial u_x}{\partial y}+\frac{\partial u_y}{\partial x}),\varepsilon_z=\frac{\partial u_z}{\partial z}$$

$$\gamma_{xz}=(\frac{\partial u_x}{\partial z}+\frac{\partial u_z}{\partial x}),\gamma_{yz}=(\frac{\partial u_z}{\partial y}+\frac{\partial u_y}{\partial z}) \tag{4-1}$$

$$u_z=w$$

根据薄板理论有

$$u_x=z\frac{\partial w}{\partial x},u_y=z\frac{\partial w}{\partial y} \tag{4-2}$$

且有
$$\varepsilon_x=z\frac{\partial^2 w}{\partial x^3},\varepsilon_y=z\frac{\partial^2 w}{\partial y^2},\gamma_{xy}=2z\frac{\partial^2 w}{\partial x\partial y} \tag{4-3}$$

定义曲率变形分量：

$$\kappa_x=-\frac{\partial^2 w}{\partial x^2},\kappa_y=-\frac{\partial^2 w}{\partial y^2},\kappa_{xy}=-\frac{\partial^2 w}{\partial x\partial y} \tag{4-4}$$

因此，应变分量可写为：

$$\varepsilon_x=-z\kappa_x,\varepsilon_y=-z\kappa_y,\gamma_{xy}=-2z\kappa_{xy} \tag{4-5}$$

物理本构关系(广义虎克定律)可表示为：

$$\begin{aligned}
\varepsilon_x&=\frac{1}{E}[\sigma_x-\nu(\sigma_y+\sigma_z)], &\gamma_{xy}&=\frac{2(1+\nu)}{E}\tau_{xy}\\
\varepsilon_y&=\frac{1}{E}[\sigma_y-\nu(\sigma_x+\sigma_z)], &\gamma_{xz}&=\frac{2(1+\nu)}{E}\tau_{xz}\\
\varepsilon_z&=\frac{1}{E}[\sigma_z-\nu(\sigma_y+\sigma_x)], &\gamma_{yz}&=\frac{2(1+\nu)}{E}\tau_{yz}
\end{aligned} \tag{4-6}$$

其逆关系为：

$$\sigma_x = 2G\varepsilon_x + \lambda\theta, \qquad \tau_{xy} = G\gamma_{xy}$$

$$\sigma_y = 2G\varepsilon_y + \lambda\theta, \qquad \tau_{yz} = G\gamma_{yz}$$

$$\sigma_z = 2G\varepsilon_z + \lambda\theta, \qquad \tau_{xz} = G\gamma_{xz} \tag{4-7}$$

$$\theta = \varepsilon_{kk}$$

式中，λ，G 为 拉梅(Lame)常数；G 为剪切模量(Shear modulus)；E 为杨氏模量(Yong modulus)；θ 为体积应变。

将前面的式代入，得到：

$$\sigma_x = \frac{E}{1-\nu^2}(\varepsilon_x + v\varepsilon_y), \sigma_y = \frac{E}{1-\nu^2}(\varepsilon_y + v\varepsilon_x), \tau_{xy} = \frac{1}{G}\gamma_{xy} \tag{4-8}$$

因而有：

$$\sigma_x = -\frac{Ez}{1-\nu^2}(\kappa_x + v\kappa_y), \sigma_y = -\frac{E}{1-\nu^2}(\kappa_y + v\kappa_x),$$

$$\tau_{xy} = -\frac{2}{G}\kappa_{xy} = -\frac{Ez}{(1+\nu)}\kappa_{xy} \tag{4-9}$$

将地层厚度 $t=2z$ 代入式(4-9)，得到由曲率分量表示的地层面上的应力分量：

$$\sigma_x = -\frac{Et}{2(1-\nu^2)}(\kappa_x + v\kappa_y), \sigma_y = -\frac{Et}{2(1-\nu^2)}(\kappa_y + v\kappa_x),$$

$$\tau_{xy} = -\frac{Et}{2(1+\nu)}\kappa_{xy} \tag{4-10}$$

由式(4-10)可知，当地层面向上凸时，曲率大于零，正好对应上凸地层面受拉张应力，张应力为正。为了与地质力学符号相符，这里采用压应力为正，张应力为负的符号约定。曲率小于零，表示地层上凸。

求出该点的沿坐标的应力后，就可求出其主应力及其方向：

$$\sigma_{\max} = \frac{\sigma_x + \sigma_y}{2} + \sqrt{\left(\frac{\sigma_x - \sigma_y}{2}\right)^2 + \tau_{xy}^2}$$

$$\sigma_{\min} = \frac{\sigma_x + \sigma_y}{2} - \sqrt{\left(\frac{\sigma_x - \sigma_y}{2}\right)^2 + \tau_{xy}^2} \tag{4-11}$$

$\sigma_{\max}$ 与 X 轴的夹角 α，$\sigma_{\min}$ 与 X 轴的夹角 β：

$$t_g(\alpha) = \frac{\sigma_{\max} - \sigma_x}{\tau_{xy}}, t_g(\beta) = \frac{\tau_{xy}}{\sigma_{\min} - \sigma_y} \tag{4-12}$$

因此，若能得到地层面的扰度方程或其面上点的曲率，就可以估算其上的应力场，进而计算由此应力产生的裂缝。

4.2.2 地层曲率计算

1)趋势面计算

由前面理论可知，若能求出地层面的曲率分量，就可以求出其上的应力场。采用趋势面拟合方法拟合地层面的趋势函数，进而计算其上点的曲率分量。采用最小二乘法拟合趋势面。设趋势面的待定系数的函数为：

$$w(x,y) = a_0 + a_1x + a_2y + a_3x^2 + a_4xy + a_5y^2 \tag{4-13}$$

由层面散点处的坐标值(x, y, z)，建立最小二乘方程，对一个散点：

$$\varepsilon_i = z_i - w_i(x_i, y_i) \tag{4-14}$$

$$\frac{\partial \varepsilon_i^2}{\partial a_j} = 0 \qquad (j = 0,1,2,3,4,5) \tag{4-15}$$

当用 n 个散点拟合一个趋势面时，可得到拟合方程组，解此方程组：

其中，求和号表示 $\sum\limits_{i}^{n}$ ，即对1，. . . ，n 点求和。解此线性方程组，就可得到趋势面函数。

2)趋势面的曲率计算式：

$$\kappa_x = -\frac{\partial^2 w}{\partial x^2} = -2a_3 \quad \kappa_y = -\frac{\partial^2 w}{\partial y^2} = -2a_5$$

$$\kappa_{xy} = -\frac{\partial^2 w}{\partial x \partial y} = -a_4 \tag{4-16}$$

4.2.3 裂缝参数计算

1)曲率参数

由上述解方程组可得到拟合曲面系数 a_3、a_4、a_5，由式(4-8)及式(4-9)可得到该点处的曲率。

2)应变和应力参数

由式(4-1)~式(4-12)可得到应变值。其中，$z = t/2$。再由式(4-10)~式(4-12)可分别计算出相应的应力，主应力和主应力方向以及主应力及其方向。

4.3 应力场分析应用实践

根据以上技术原理，开展应力场数值模拟研究时常用的技术参数如下：①构造曲率：表示构造面梯度变化的快慢；②最大主应变：表示形变的大小；③张应变(+)：与裂缝密度有关；④压应变(-)：表示地层压实变形；⑤最大主应力：表示最大主应力的大小；⑥压应力(+)：平行裂缝方向；⑦张应力(-)：平行裂缝法向方向；⑧应力方向角：表示最大主应力方向，与张应变结合，可以表示裂缝的发育方向。

针对背斜等张裂缝的储层构造，从构造力学出发，利用地层的几何信息(构造面)、岩性信息(速度、密度)、岩石物理信息(泊松比、拉梅常数、剪切模量)等建立地质模型、力学模型和数学模型，运用三维有限差分数值模拟方法对地层的应力场进行模拟，研究构造、断层、地层岩性厚度、区域应力场等地质因素与构造裂缝分布的关系，计算地层面的曲率张量、变形张量和应力场张量，从而得到主曲率、主应变和主应力、主应力方向等参数，来预测与构造有关的裂缝分布及发育程度。

元坝地区的雷口坡组应力场分析主要采用yb1井、yb12井、yb4井的声波测井资料进行速度反演，得到速度体，再沿雷口坡组层段提取其深度、速度值进行应力场分析。从构造应力场计算结果(图4-3)来看，主要的裂缝发育区域呈灰黑—淡灰色(裂缝指数大于60)。其中，大、中型裂缝发育区域呈灰黑色(裂缝指数大于96)，总体上裂缝发育区域呈小型斑块状展布，局部大连片，如分布在背斜的构造主体及翼部；白色区域则是裂缝相对不发育、致密的区域(裂缝指数小于60)，分布区域相对较大，呈扭曲状、条带形展布。通过对yb12井及其预测的裂缝方向结果进行验证，应力场预测的裂缝方向及裂缝指数强度与测井资料大体上相对吻合(图4-4)，裂缝强发育区域上的钻井经测试大部分获得工业气流。

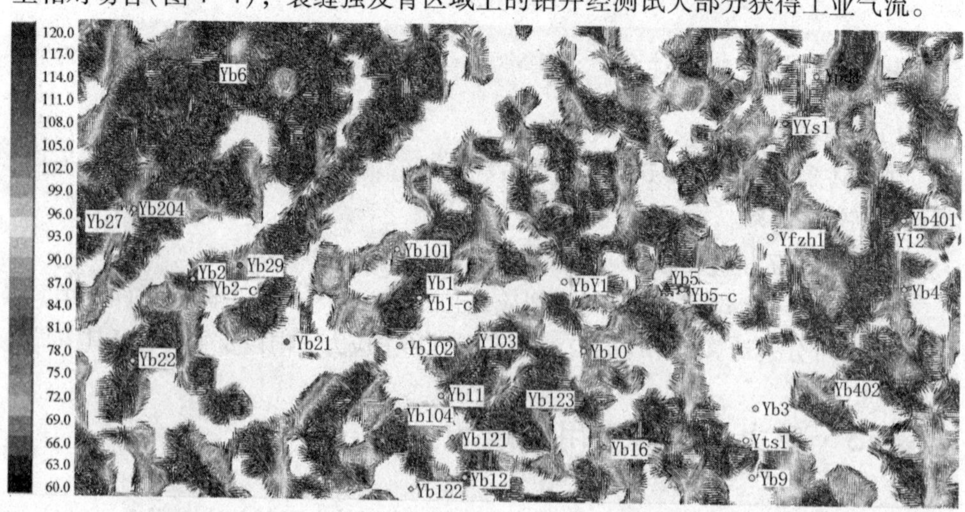

图4-3　元坝地区雷口坡组构造应力预测裂缝强度+方向平面图

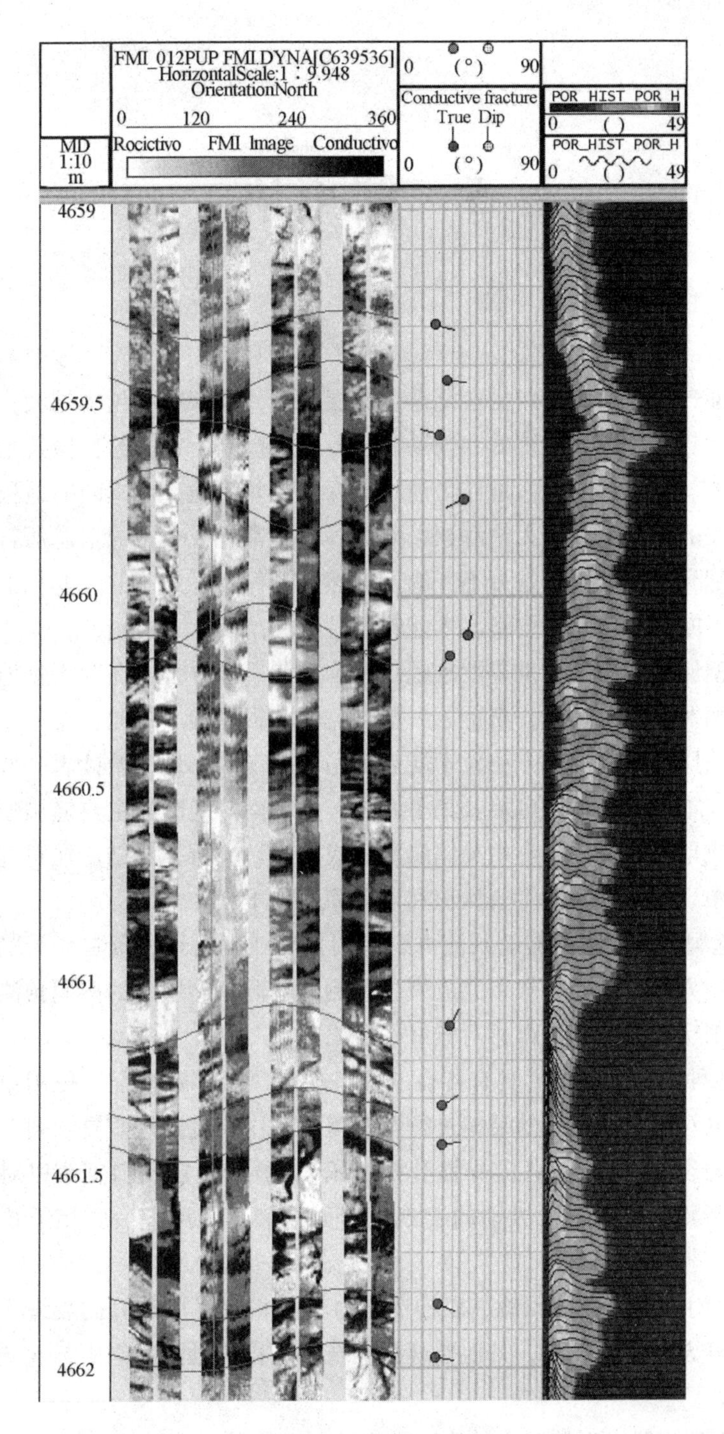

图 4-4　yb12 井雷口坡组 FMI 测井成果示意图

5 结束语

当今油气勘探逐渐走向构造复杂、深层区域，勘探难度越来越大，取得的油气勘探亮点越来越少。传统的油气勘探手段亟需提高，相关的物探技术也需要取得相应发展、进步。四川盆地作为油气勘探的成熟盆地，在不同的地层层系中都获得了相关的油气突破，无论海相、陆相，还是常规或非常规。总而言之，这些突破都与配套的技术进步是分不开的，当然，勘探者思想上的改变与进步同样重要，需要不断开拓进取、创新，才能收获胜利的果实。

缝洞型储层预测是个世界性难题，中国石化勘探分公司在四川盆地的缝洞型储层的预测及勘探实践中，获得了一些有益的宝贵经验。故此，希望本书中的一些缝洞型储层预测成果及方法技术能起到抛砖引玉的作用，给读者一些建议、认识和思考。本书的编写尽可能收集了元坝、川东南等地区的主要缝洞型储层的预测及勘探成果资料，并结合相关储层预测成果进行分析、总结。在对缝洞型储层预测过程中，本书取得的主要认识和成果简述如下：

(1)缝洞型储层中的裂缝预测可以使用叠前或叠后地震资料作为输入，并确定裂缝预测方法及最佳参数来完成裂缝预测；缝洞型储层中的溶洞预测可以利用相干技术来实施，并能取得相对较好的成果。

(2)各种裂缝预测技术具有各自的优、缺点，大多数情况下使用单一裂缝预测技术难以对整个研究区的裂缝进行全覆盖。其中，叠前地震资料可预测微观—中型规模的裂缝(如P波各向异性分析技术)，叠后地震资料则难以对该级别的裂缝进行预测，但对于大级别的宏观裂缝如断裂，使用叠后的相干技术则相对较好。

(3)针对裂缝方向的预测，以构造应力场分析技术所计算的裂缝方向与井上的实测裂缝方向误差较小，其他裂缝预测技术所得的预测结果则与实测结果误差相对较大。

(4)要预测缝洞型储层中的溶洞及裂缝所充填的不同流体，可利用AVO技术中的梯度及截距、交会分析技术实施不同流体预测；而使用叠后地震资料进行烃类检测(振幅谱梯度属性、吸收衰减技术)，相对 AVO 技术来说精确度相对差一些。

(5)波形分类及古地貌恢复技术可以划分出岩溶高地、岩溶斜坡及岩溶洼地等岩溶相，明确岩溶储层发育的有利区带，但岩溶中充填何种物质或流体不能准确确定，这需要其他物探技术相配合并进行相关的验证。

(6)针对提高地震资料的信噪比及分辨率可以对采集及处理进行技术攻关(如谱白化处理)，使其得到的地震数据更好地为缝洞预测服务。

(7)地震属性分析技术可以判断缝洞型储层的发育部位(如反射振幅类型)，谱反演技术可以较好地刻画岩溶的横向展布及岩溶边界。

(8)要采用溶洞、裂缝、烃类检测等综合分析及预测手段，实施对研究区的缝洞型储层预测，这样的预测结果相对更为准确、实用。

由于现阶段的油气勘探进程较快、研究时间紧，科研任务相对繁重，有关缝洞型储层预测成果的分析、认识可能不足，存在疏漏在所难免，并且本书成果集成总结的时间相对紧张，再加上作者水平有限，书中错误和分析不妥之处望读者不吝赐教。

参考文献

[1]四川油气区石油地质志编写组．中国石油地质志四川油气区[M]．北京：石油工业出版社，1989.

[2]秦川，刘树根，汪华，等．四川盆地中部中三叠统储层特征与类型[J]．西南石油大学学报：自然科学版，2011，33(6)：13~19.

[3]成都地质学院．古岩溶与油气储层[M]．成都：电子科技大学，1991.

[4]贾振远，蔡忠贤．碳酸盐岩古风化壳储集层(体)研究[J]．地质科技情报，2004，23(4)：94~104.

[5]冯增昭．碳酸盐岩古地理学[M]．北京：石油工业出版社．1989.

[6]陈学时．中国油气田古岩溶与油气储层[J]．沉积学报，2004，22(4)：44~54.

[7]王欢欢，朱光有，薛海涛，等．碳酸盐岩风化壳型有效储层的形成与控制因素研究——以塔里木盆地英买力牙哈地区为例[J]．天然气地球科学，2009，20(2)：182~190.

[8]段杰．鄂尔多斯盆地南缘下古生界碳酸盐岩储层特征研究[D]．成都：成都理工大学，2009.

[9]范嘉松．世界碳酸盐岩油气田的储层特征及其成藏的主要控制因素[J]．地学前缘，2005，12(3)：23~30.

[10]陈洪德，张锦泉，叶德胜．新疆塔里木盆地北部古风化壳(古岩溶)储集体特征及控油作用[M]．成都：成都科技大学出版社，1995.

[11]曹刚，李其荣，安辉．川南地区下二叠统茅口组“岩溶型气藏”地震、地质特征探讨[J]．天然气地球科学，1999，10(3-4)：76~82.

[12]陈立官，王洪辉，陆正元，等．川南地区古岩溶与阳新统天然气局部富集关系探讨[J]．成都地质学院学报，1992，19(4)：99~105.

[13]陈宗清．四川盆地中二叠统茅口组天然气勘探[J]．中国石油勘探，2007，12(5)：1~11.

[14]郭旭升，李宇平，魏全超，等．川东南地区茅口组古岩溶发育特征及勘探领域[J]．西南石油大学学报(自然科学版，2012，34(6)：1~8.

[15]韩小俊．川东南地区复杂储层识别及预测方法研究及应用[D]．成都：成都理工大学，2007.

[16]江青春，胡素云，汪泽成，等．四川盆地茅口组风化壳岩溶古地貌及勘探选区[J]．石油学报，2012，33(6)：950～960.
[17]张三元，谢迟初，凡睿．天堂坝地区茅口组岩溶缝洞体储层地震异常识别[J]．江汉石油职工大学学报，2006，19(6)：10～14.
[18]蒋晓迪，朱仕军，张光荣，等．四川盆地蜀南地区茅口组储层预测研究[J]．天然气勘探与开发，2014，37(1)：39～40，44.
[19]肖笛，谭秀成，郗爱华，等．四川盆地南部中二叠统茅口组碳酸盐岩岩溶特征：古大陆环境下层控型早成岩期岩溶实例[J]．古地理学报，2015，17(4)：457～476.
[20]汪华，刘树根，秦川，等．四川盆地中西部雷口坡组油气地质条件及勘探方向探讨[J]．成都理工大学学报：自然科学版，2009，36(6)：669～674.
[21]刘树根，黄文明，张长俊，等．四川盆地白云岩成因的研究现状及存在问题[J]．岩性油气藏，2008，20(2)：6～15.
[22]汪华，刘树根，王国芝，等．川中南部地区中三叠统雷口坡组顶部古岩溶储层研究[J]．物探化探计算技术，2009，31(3)：264～270.
[23]李德星．川中龙女寺—磨溪地区雷口坡组雷四雷三段古岩溶储层研究[D]．成都：成都理工大学，2010.
[24]曾德铭，王兴志，张帆，等．四川盆地西北部中三叠统雷口坡组储层研究[J]．古地理学报，2007，9(3)：253～266.
[25]雷雪，李忠，翟中华，等．川中地区中三叠统雷口坡组构造特征及解释方法探讨[J]．石油物探，2005，44(2)：137～141.
[26]庞艳君，代宗仰，刘善华，等．川中乐山—龙女寺古隆起奥陶系古岩溶发育地质因素分析[J]．重庆科技学院学报，2007，9(3)：1～4.
[27]董兆雄，邓明．川西地区中三叠统雷口坡组岩相古地理[J]．矿物岩石，1994，14(4)：46～53.
[28]秦川，刘树根，张长俊，等．四川盆地中南部雷口坡组碳酸盐岩成岩作用与孔隙演化[J]．成都理工大学学报：自然科学版，2009，36(3)：276～282.
[29]葛海波，傅恒，李满仓，等．元坝地区雷口坡组古岩溶储层特征[J]．中国西部科技，2011，10(20)：16～18.
[30]郭培培，阮何文，王红敏．川东北元坝地区雷口坡组古岩溶期次及控制因素征[J]．中国西部科技，2011，11(10)：17～19.
[31]钟怡江，陈洪德，林良彪，等．川东北地区中三叠统雷口坡组四段古岩溶作用与储层分布[J]．岩石学报，2011，27(8)：2272～2280.
[32]文华国，郑荣才．四川盆地东部黄龙组古岩溶地貌研究[J]．地质论评，2009，55(6)：816～826.
[33]洪余刚，陈景，代宗仰，等．古地貌恢复在风化壳岩溶型储层研究中的应用——以川

中——川南过渡带奥陶系为例[J]. 大庆石油地质与开发，2007，26(1)：1～5.

[34]王宏斌，张虎权，孙东，等．风化壳岩溶储层地质地震综合预测技术与应用——以塔中北部斜坡带下奥陶统为例[J]. 天然气地球科学，2009，20(1)：131～137.

[35]刘小平，孙冬胜，吴欣松，等．古岩溶地貌及其对岩溶储层的控制——以塔里木盆地轮古西地区奥陶系为例[J]. 石油实验地质，2007，29(3)：265～268.

[36]拜文华，吕锡敏，李小军，等．古岩溶盆地岩溶作用模式及古地貌精细刻画[J]. 现代地质，2002，16(3)：292～298.

[37]蔡佳琼．东南盆地古近系古地貌恢复及其对层序样式和沉积特征的控制[D]. 武汉：中国地质大学(武汉)，2009.

[38]肖笛，谭秀成，山述娇，等．四川盆地南部中二叠统茅口组古岩溶地貌恢复及其石油地质意义[J]. 地质学报，2014，88(10)：1992～2002.

[39]王开燕，徐清彦，张桂芳，等．地震属性分析技术综述[J]. 地球物理学进展，2013，28(2)：815～823.

[40]王永刚，乐友喜，张军华. 地震属性分析技术[M]. 东营：中国石油大学出版社，2007，97～100.

[41]郭华军，刘庆成. 地震属性技术的历史、现状及发展趋势[J]. 物探与化探，2008，32(1)：19～22.

[42]肖西，党杨斌，唐玮，等. 地震属性分析技术在饶阳凹陷路家庄地区的应用[J]. 长江大学学报(自然版)，2011，8(5)：40～42.

[43]董文波，胡松，任宝铭，等. 地震属性技术在克拉玛依油田滑塌浊积岩圈闭勘探中的应用[J]. 工程地球物理学报，2011，8(1)：87～90.

[44]王咸彬，顾石庆. 地震属性的应用与认识[J]. 石油物探，2004，43(S)：25～27.

[45]熊冉，刘玲利，刘爱华，等. 地震属性分析在轮南地区储层预测中的应用[J]. 特种油气藏，2008，15(8)：34～43.

[46]郑忠刚，崔三元，张恩柯. 地震属性技术研究与应用[J]. 西部探矿工程，2007，19(5)：86～88.

[47]张延玲，杨长春，贾曙光. 地震属性技术的研究和应用[J]. 地球物理学进展，2005，20(4)：1129～1133.

[48]王利田，苏小军，管仁顺，等. 地震属性分析在彩16井区储层预测中的应用[J]. 地球物理学进展，2006，21(3)：922～925.

[49]吕公河，于常青，董宁. 叠后地震属性分析在油气田勘探开发中的应用[J]. 地球物理学进展，2006，21(1)：161～166.

[50]吴雨花，桂志先，于亮，等. 地震属性分析技术在西南庄－柏各庄地区储层预测中的应用[J]. 石油天然气学报，2007，29(3)：391～393.

[51]郝骞，张晶晶，李鑫，等. 地震属性油气储层预测技术及其应用[J]. 湖北大学学报，

2010，32(3)：339～343.
[52]代瑜. 叠后地震属性在温米油田三间房组储层描述中的应用[D]. 北京：中国石油大学，2010.
[53]罗忠辉，冷军. 地震属性分析在潜江凹陷储层预测中的应用[J]. 石油天然气学报，2010，32(1)：228～231.
[54]胡斌，张亚军，王俐，等. 地震属性技术与储层预测[J]. 小型油气藏，2002，7(1)：24～29.
[55]唐晓川，孙耀华，吴亚东，等. 地震属性技术在桑塔木碳酸盐岩储层预测中的应用[J]. 河南石油，2005，19(4)：13～15.
[56]李敏. 地震属性技术研究及其在关家堡储层预测中的应用[D]. 西安：西北大学，2005：11～12.
[57]万琳. 地震属性分析及其在储层预测中的应用[J]. 油气地球物理，2009，74(3)：43～46.
[58]宁松华. 地震属性分析在托浦台储层预测中的应用[J]. 石油天然气学报，2006，28(5)：70～73.
[59]刘威，罗珊珊，李银婷，等. 地震属性技术在碳酸盐岩储层预测及其应用[J]. 石油化工应用，2011，30(5)：67～69.
[60]刘文岭，牛彦良，李刚，等. 多信息储层预测地震属性提取与有效性分析方法[J]. 石油物探，2002，41(1)：100～106.
[61]袁野，刘洋. 地震属性优化与预测新进展[J]. 勘探地球物理进展，2010，33(4)：229～237.
[62]倪逸，杨慧珠，郭玲萱，等. 储层油气预测中地震属性优选问题探讨[J]. 石油地球物理勘探，1999，34(6)：614～626.
[63]陈学海，卢双舫，薛海涛，等. 地震属性技术在北乌斯丘尔特盆地侏罗系泥岩预测中的应用[J]. 中国石油勘探，2011，16(2)：67～71.
[64]印兴耀，周静毅. 地震属性优化方法综述[J]. 石油地球物理勘探，2005，40(4)：482～489.
[65]高林，杨勤勇. 地震属性技术的新进展[J]. 石油物探，2004，43(S)：10～16.
[66]鲍祥生，尹成，赵伟，等. 储层预测的地震属性优选技术研究[J]. 石油物探，2006，45(1)：28～33.
[67]周静毅. MDI 地震属性技术在储层预测中的应用[J]. 海洋石油，2008，28(3)：6～10.
[68]刘立峰，孙赞东，杨海军，等. 缝洞型碳酸盐岩储层地震属性优化方法及应用[J]. 石油地球物理勘探，2009，44(6)：747～754.
[69]张洪波，王纬，顾汉明. 高精度地震属性储层预测技术研究[J]. 天然气工业，2005，25(7)：35～37.
[70]秦月霜，陈显森，王彦辉. 用优选后的地震属性参数进行储层预测[J]. 大庆石油地质与开发，2000，19(6)：44～45.
[71]宫健，许淑梅，马云，等. 基于地震属性的储层预测方法——以永安地区永 3 区块沙河街组二段为例[J]. 海洋地质与第四纪地质，2009，29(6)：95～102.

[72]邵锐，孙彦彬，于海生，等．基于地震属性各向异性的火山机构识别技术[J]．地球物理学报，2011，54(2)：343～348.

[73]栾颖，冯晅，刘财，等．波阻抗反演技术的研究现状及发展[J]．吉林大学学报(地球科学版)，2008，38(S)：94～98.

[74]卢占武，韩立国．波阻抗反演技术研究进展[J]．世界地质，2002，21(4)：372～376.

[75]邹冠贵，彭苏萍，张辉，等．地震递推反演预测深部灰岩富水区研究[J]．中国矿业大学学报，2009，38(3)：390～395.

[76]杨立强．测井约束地震反演综述[J]．地球物理学进展，2003，18(3)：530～534.

[77]杨绍国，杨长春．一种基于模型的波阻抗反演方法[J]．物探化探计算技术，1999，21(4)：330～338.

[78]张永华，步清华，杨春峰，等．测井宽带约束反演技术在油藏描述中的作用[J]．河南石油，1999，13(3)：1～5.

[79]刘莹．利用测井约束反演技术辨别气层与煤层[J]．石油物探，1999，38(4)：51～56.

[80]Backus GE ，Gilbert JF. Numerical application of a formulism for geophysical inverse [J]. Geophys. J. R. astr. 1967，13：247～276.

[81]马劲风，王学军，钟俊，等．测井资料约束的波阻抗反演中的多解性问题[J]．石油与天然气地质，1999，20(1)：7～10.

[82]刘春成，赵立，王春红，等．测井约束波阻抗反演及应用[J]．中国海上油气(地质)，2000，14(1)：64～67.

[83]刘彦君，刘大锰，年静波，等．沉积规律控制下的测井约束波阻抗反演及其应用[J]．大庆石油地质与开发，2007，26(5)：133～137.

[84]王香文，刘红，滕彬彬，等．地质统计学反演技术在薄储层预测中的应用[J]．石油与天然气地质，2012，33(5)：730～735.

[85]何火华，李少华，杜家元，等．利用地质统计学反演进行薄砂体储层预测[J]．物探与化探，2011，35(6)：804～808.

[86]Rothman D H. Geostatistical inversion of 3-D seismic data for thinsand delineation[J]. Geophysics，1998，51(2)：332～346.

[87]李方明．地质统计反演之随机地震反演方法——以苏M盆地P油田为例[J]．石油勘探与开发，2007，34(4)：451～455.

[88]孙思敏，彭仕宓．地质统计学反演方法及其在薄层砂体储层预测中的应用[J]．西安石油大学学报(自然科学学报)，2007，22(1)：41～44.

[89]孙思敏，彭仕宓．地质统计学反演及其在吉林扶余油田储层预测中的应用[J]．物探与化探，2007，31(1)：51～54.

[90]王家华，王镜惠，梅明华．地质统计学反演的应用研究[J]．吐哈油气，2011，16(3)：201～204.

[91]Dubrule O , Thibaut M, Lamy P , et al. Haas , Geostatistical reservoir aracterization constrained by 3d seismic data [J]. Petroleum science , 1998(4): 121 ~ 128.

[92]Haas A , Dubrule O. Geostatistical inversion-A sequential method for stochastic reservoir modeling constrained by seismic data[J]. First Break , 1994 , 13(12): 61 ~ 569.

[93]宁松华，曹淼，刘雷颂，等. 地质统计学反演在三道桥工区储层预测中的应用[J]. 石油天然气学报(江汉石油学院学报)，2014，36(7)：52 ~ 54.

[94]叶云飞，刘春成，刘志斌，等. 地质统计学反演技术研究与应用[J]. 物探化探计算技术，2014，36(4)：446 ~ 450.

[95]撒利明. 基于信息融合理论和波动方程的地震地质统计学反演[J]. 成都理工大学学报(自然科学版)，2003，30(1)：60 ~ 63.

[96]苏云，李录明，钟峙，等. 随机反演在储层预测中的应用[J]. 煤田地质与勘探，2009，37(6)：63 ~ 66.

[97]张建林，吴胜和. 应用随机模拟方法预测岩性圈闭[J]. 石油勘探与开发，2003，30(3)：114 ~ 116.

[98]郑爱萍，刘春平. 随机模拟在储层预测中的应用[J]. 江汉石油职工大学学报，2003，16(3)：34 ~ 36.

[99]张志伟，王春生，林雅平，等. 地震相控非线性随机反演在阿姆河盆地 A 区块碳酸盐岩储层预测中的应用[J]. 石油地球物理勘探，2011，46(2)：304 ~ 310.

[100]周学先. 地震储层裂缝发育带预测(中国石油勘探开发百科全书勘探卷)[M]. 北京：石油工业出版社，2008：997.

[101]王延光，杜启振. 泥岩裂缝性储层地震勘探方法初探[J]. 地球物理学进展，2006，21(2)：494 ~ 501.

[102]苏朝光，刘传虎，王军，等. 相干分析技术在泥岩裂缝油气藏预测中的应用[J]. 石油物探，2002，41(2)：197 ~ 201.

[103]张昕，郑晓东. 裂缝发育带地震识别预测技术研究进展[J]. 石油地球物理勘探，2005，40(6)：724 ~ 730.

[104]张广智，郑静静，印兴耀. 基于 Curvelet 变换的多尺度性识别裂缝发育带[J]. 石油地球物理勘探，2011，46(5)：757 ~ 762.

[105]桂志先，段天友，易远元. 裂缝性储层纵波地震检测方法研究[J]. 石油天然气学报(江汉石油学院学报)，2007，29(4)：75 ~ 79.

[106]苟量，彭真明. 小波多尺度边缘检测及其在裂缝预测中的应用[J]. 石油地球物理勘探，2005，40(3)：309 ~ 313.

[107]黄捍东，魏修成，叶连池，等. 分形边缘检测在裂缝预测中的应用[J]. 石油地球物理勘探，2002，37(1)：65 ~ 68.

[108]迟新刚，贺振华，黄德济. 三维地震模糊边缘裂缝检测方法[J]. 石油物探，2003，42

(3)：289~293.
[109]孙夕平，杜世通. 边缘检测技术在河道和储层小断裂成像中的应用[J]. 石油物探，2003，42(4)：469~472，476.
[110]黄捍东，张如伟，赵迪，等. 塔河奥陶系碳酸盐岩缝洞预测[J]. 石油地球物理勘探，2009，44(2)：213~218.
[111]熊晓军，贺振华，赵明金，等. 一种基于GHT的裂缝检测新方法[J]. 石油地球物理勘探，2009，44(4)：442~444，465.
[112]张延玲，杨长春，贾曙光. 地震属性技术的研究和应用[J]. 地球物理学进展，2005，20(4)：1129~1133.
[113]季玉新. 裂缝储层预测技术及应用[J]. 天然气工业，2007，27(S1)：420~423.
[114]陈佳梁，兰素清，王昌杰. 裂缝性储层的预测方法及应用[J]. 勘探地球物理进展，2004，27(1)：35~40.
[115]王永刚，李振春，刘礼农，等. 利用地震信息预测储层裂缝发育带[J]. 石油物探，2000，39(4)：57~63，94.
[116]赵春明. 岩层曲率及其测定[J]. 石油地球物理勘探，1981，16(6)：1~10.
[117]陈波，魏小东；任敦占，等. 基于谱分解技术的小断层识别[J]. 石油地球物理勘探，2010，45(3)：890~894.
[118]陈波，孙德胜；朱筱敏，等. 利用地震数据分频相干技术检测火山岩裂缝[J]. 石油地球物理勘探，2011，46(4)：610~613.
[119]王秀玲，季玉新；刘玉珍，等. 应用地震吸收分析技术预测裂缝性储层[J]. 油气地球物理，2003，1(2)：44~46.
[120]王强. 地震信息差异分析(中国石油勘探开发百科全书勘探卷)[M]. 北京：石油工业出版社，2008：998.
[121]王强. 用地震资料预测地层压力的方法[J]. BGP内部调研资料，2011.
[122]黄伟传，杨长春，王彦飞. 利用叠前地震数据预测裂缝储层的应用研究[J]. 地球物理学进展，2007，22(5)：1602~1606.
[123]曲寿利，季玉新，王鑫，等. 全方位P波属性裂缝检测方法[J]. 石油地球物理勘探，2001，36(4)：390~397.
[124]石建新，王延光，毕丽飞，等. 多分量地震资料处理解释技术研究[J]. 地球物理学进展，2006，21(2)505~511.
[125]屠世杰，庞全康，王丽，等. YC地区转换波数据处理及裂隙预测[J]. 地球物理学进展，2006，21(2)：512~519.
[126]苏朝光，刘传虎，高秋菊. 泥岩裂缝储层特征参数提取及反演技术的应用[J]. 石油物探，2002，41(3)：339~342.
[127]李军，郝天珧，赵百民. 地震与测井数据综合预测裂缝发育带[J]. 地球物理学进展，

2006，21(1)：179～183.

[128]李琼，李勇，李正文，等．基于GA-BP理论的储层视裂缝密度地震非线性反演方法[J]．地球物理学进展，2006，21(2)：465～471.

[129]王兴建，曹俊兴，李学民，等．基于分形理论的地震裂缝检测方法[J]．石油物探，2003，42(2)：191～195.

[130]杨云岭，孙怀福，王忠怀．“亮点”问题研究及其在东营凹陷周边浅层气勘探中的应用[J]．石油物探，1991，30(1)：39～50.

[131]陈旋，何伯斌，姜新平，等．亮点技术在温米西山窑组气藏勘探中的应用[J]．吐哈油气，2003，8(3)：306～308.

[132]范春华．元坝地区雷口坡组储层综合研究[J]．中国西部科技，2011，10(1)：8～10.

[133]张树林，李绪宣，易平．近海天然气藏地震预测技术及应用[J]．石油地球物理勘探，2002，37(4)：382～390.

[134]朱兆林，赵爱国．裂缝介质的纵波方位AVO反演研究[J]．石油物探，2005，44(5)：499～503.

[135]莫午零，吴朝东．裂缝性储层AVO模型研究[J]．天然气工业，2007，27(2)：43～45.

[136]曹孟起，王九栓，邵林海．叠前弹性波阻抗反演技术及应用[J]．石油地球物理勘探，2006，41(3)：323～326.

[137]彭真明，李亚林，梁波，等．叠前弹性阻抗在储层气水识别中的应用[J]．天然气工业，2007，38(4)：43～45，52.

[138]Li X Y，Kühnel T，MacBeth C. Mixed mode AVO response in fractured media[J]．Expanded Abstracts of 66th Annual Internat SEG Mtg，1996：1822～1825.

[139]刘卫华，高建虎，陈启艳，等．苏里格气田某工区储层预测可行性研究[J]．岩性油气藏，2009，21(2)：94～98.

[140]吴光大，徐尚成．AVO技术在柴达木盆地东部天然气检测中的应用[J]．石油地球物理勘探，1994，29(增刊1)：24～31.

[141]史松群，赵玉华．苏里格气田AVO技术的研究与应用[J]．天然气工业，2002，22(6)：30～34.

[142]胡伟光，范春华，秦绪乾，等．AVO技术在YB地区礁滩储层预测中的应用[J]．天然气勘探与开发，2011，34(1)：26～35.

[143]胡伟光，蒲勇，赵卓男，等．利用弹性参数预测礁、滩相储层[J]．石油地球物理勘探，2010，45(S1)：176～180.

[144]胡伟光，李发贵，杨鸿飞．叠前弹性波阻抗反演在四川FL地区礁滩型储层预测中的应用[J]．海相油气地质，2010，15(4)：62～67.

[145]胡伟光．AVO技术在生物礁储层预测中的应用[J]．中国西部科技，2012，11(3)：7～8.

[146]赵力民，彭苏萍，郎晓玲，等．利用Stratimagic波形研究冀中探区大王庄地区岩性油

藏[J]. 石油学报，2002，23(4)：33～36.

[147]徐黔辉，姜培海，沈亮. Stratimagic 地震相分析软件在 BZ 25－1 构造的应用[J]. 中国海上油气(地质)，2001，15(6)：423～426.

[148]赵力民，郎晓玲，金凤鸣，等. 波形分类技术在隐蔽油藏预测中的应用[J]. 石油勘探与开发，2001，28(6)：53～55.

[149]于红枫，王英民，李雪，等. Stratimagic 波形地震相分析在层序地层岩性分析中的应用[J]. 煤田地质与勘探，2006，34(1)：64～66.

[150]邓传伟，李莉华，金银姬，等. 波形分类技术在储层沉积微相预测中的应用[J]. 石油物探，2008，47(3)：262～265.

[151]殷积峰，李军，谢芬，等. 波形分类技术在川东生物礁气藏预测中的应用[J]. 石油物探，2007，46(1)：53～57.

[152]王玉学，丛玉梅，黄见，等. 地震波形分类技术在河道预测中的应用[J]. 资源与产业，2006，8(2)：71～74.

[153]胡伟光. 地震相波形分类技术在川东北的应用[J]. 勘探地球物理进展，2010，33(1)：52～57.

[154]胡伟光，赵卓男，肖伟，等. YB 地区长兴期生物礁控制因素浅论[J]. 特种油气藏，2010，17(5)：51～53.

[155]胡伟光，赵卓男，肖伟，等. 川东北元坝地区长兴组生物礁的分布与控制因素[J]. 天然气技术，2010，4(2)：14～16.

[156]吴强. VVA7.3 用户手册[Z]. 北京：地模(北京)科技有限公司，2013：157～162.

[157]王志君，黄军斌. 利用相干技术和三维可视化技术识别微小断层和砂体[J]. 石油地球物理勘探，2001，36(3)：378～381.

[158]余得平，曹辉，王咸彬. 相干数据体及其在三维地震解释中的应用[J]. 石油物探，1998，37(4)：75～79.

[159]孙夕平，杨国权. 三维地震相干体技术在目标沉积相研究中的应用[J]. 石油物探，2004，43(6)：591～594.

[160]覃天，刘立峰. 多属性相干分析在预测储层裂缝发育带中的应用[J]. 石油天然气学报(江汉石油学院学报)，2008，30(6)：254～257.

[161]李玲，冯许魁. 用地震相干数据体进行断层自动解释[J]. 石油地球物理勘探，1998，33(S1)：105～111.

[162]胡伟光，蒲勇，赵卓男，等. 川东北元坝地区长兴组生物礁的识别[J]. 石油物探，2010，49(1)：46～53.

[163]胡伟光. 相干体技术在川东北油气勘探中的应用[J]. 物探化探计算技术，2010，49(1)：260～264.

[164]龚洪林，许多年，蔡刚. 高分辨率相干体分析技术及其应用[J]. 中国石油勘探，2008，

32(3)：45～48.

[165]苏朝光，刘传虎，王军，等．相干分析技术在泥岩裂缝油气藏预测中的应用[J]．石油物探，2002，41(2)：197.

[166]刘传虎．地震相干分析技术在裂缝油气藏预测中的应用[J]．石油地球物理勘探，2001，36(2)：238.

[167]陶洪辉，秦国伟，徐文波，等．地层主曲率在研究储层裂缝发育中的应用[J]．新疆石油天然气，2005，1(2)：22～23，28.

[168]胡宗全，廖红伟．分砂层地质曲率分析在裂缝预测中的应用[J]．石油实验地质，2002，24(5)：450～454.

[169]王学军，陈汉林，王玉芹，等．拟合曲率综合预测裂缝方法建立及其在陆西凹陷中的应用[J]．浙江大学学报，2002，29(6)：712～719.

[170]王越之，宋金初，贺斌．利用曲率法预测构造裂缝方向[J]．江汉石油学院学报，2004，26(4)：52～53.

[171]Roberts A. Curvature attributes and their applicationto 3D interpreted horizons[J]. First Break，2001，19(2)：85～100.

[172]Sigismondi M E，Soldo J C. Curvature attributes and seismicint erpretation：Case studies from Argentina basins[J]. The Leading Edge，2003，22 (11)：1112～1126.

[173]王有功，汪芯．曲率法在尚家油田扶杨油层储层裂缝预测中的应用[J]．科学技术与工程，2012，12(17)：4274～4277.

[174]边树涛，董艳蕾，郑浚茂．地震波频谱衰减检测天然气技术应用研究[J]．石油地球物理勘探，2007，42(3)：296～300.

[175]肖继林，胡伟光，肖伟．川东北马路背地区须家河组储层综合预测[J]．天然气技术，2010，4(3)：17～18.

[176]何又雄，钟庆良．地震波衰减属性在油气预测中的应用[J]．江汉石油科技，2007，17(3)：9～11.

[177]查朝阳．FRS 培训教程整合版[M]．北京：恒泰艾普公司，2005：71～80.

[178]魏小东，张延庆，曹丽丽，等．地震资料振幅谱梯度属性在 WC 地区储层评价中的应用[J]．石油地球物理勘探，2011，46(2)：281～284.

[179]李曙光，徐天吉，唐建明，等．基于频率域小波的地震信号多子波分解及重构[J]．石油地球物理勘探，2009，46(6)：675～679.

[180]徐天吉，沈忠民，文雪康．多子波分解与重构技术应用研究[J]．成都理工大学学报，2010，37(6)：660～665.

[181]陈传仁，周熙襄．小波谱白化方法提高地震资料的分辨率[J]．石油地球物理勘探，2000，35(6)：703～709.

[182]张营，杨立英．反射系数反演方法研究及其在薄层识别中的应用[J]．山东化工，2015，

44(4)：95～97，101.

[183]杜婧，王尚旭，刘国昌，等．基于局部斜率属性的VSP波场分离研究[J]．地球物理学报，2009，52(7)：1867～1872.

[184]王华忠，徐蔚亚，王建民，等．VSP数据波动方程叠前深度偏移成像及立体地震成像[J]．石油地球物理勘探，2001，36(5)：517～525.

[185]王珺，杨长春，刘海河，等．克希霍夫法VSP多波联合成像[J]．地球物理学进展，2006，21(3)：845～855.

[186]吴世萍，黄录忠，胡天跃．Walkaway VSP多次波成像技术研究[J]．石油物探，2011，50(2)：115～123.

[187]Liu E，Li X Y. Seismic detection of fluid saturation in aligned fractures[R]. 70 th Annual International SEGMeeting，Calgary，Canada，6～11 August，2000，2373～2375.

[188]Shen F，Toksoz N. Scattering Characteristics in Heterogeneous Fractured Reservoirs From Waveform Estimation[J]. Geophysical Journal International，2000，140：251～265.

[189]Thomsen L. Elastic anisotropy due to aligned cracks in porous rock [R]. Geophysical Prospecting，1995，43：805～829.

[190]Shen F，Sierra J，Toksoz N. Offset dependent attributes (AVO and FVO) applied to Fracture detection [R]. Technical SEG pragram Expanded Abstracts 1999：776～779.

[191]Li X Y. Fractured reservoir delineation using multicomponent seismic data[J]. Geophysical Prospecting，1997，45 (1)：39～64.

[192]曹均，贺振华，黄德济，等．裂缝储层地震波特征响应的物理模型实验研究[J]．勘探地球物理进展，2003，26(2)：88～92.

[193]凌云研究小组．宽方位角地震勘探应用研究[J]．石油地球物理勘探，2003，38(4)：350～357.

[194]刘云武，齐振勤，唐振国，等．海拉尔盆地乌东地区三维地震裂缝预测方法及应用[J]．中国石油勘探，2012，17(1)：37～41.

[195]杨鸿飞，胡伟光，范春华．川东北S地区裂缝预测技术浅论[J]．中国西部科技，2012，11(8)：5～6.

[196]胡伟光，刘珠江，范春华，等．四川盆地J地区志留系龙马溪组页岩裂缝地震预测与评价[J]．海相油气地质，2014，19(4)：25～29.

[197]乐绍东．AVA裂缝检测技术在川西JM构造的应用[J]．天然气工业，2004，24(4)：22～24.

[198]甘其刚，高志平．宽方位AVA裂缝检测技术应用研究[J]．天然气工业，2005，25(5)：42～43.

[199]钟思瑛．有限元应力法在构造裂缝预测中的应用[J]．石油天然气学报，2005，27(4)：556～558.

[200]张帆，贺振华，黄德济，等．预测裂隙发育带的构造应力场数值模拟技术[J]．石油地球物理勘探，2000，35(2)：154～163.

[201]李德同，文世鹏．储层构造裂缝的定量描述和预测方法[J]．石油大学学报(自然科学版)，1999，20(4)：6～10.

[202]唐湘蓉，李晶．构造应力场有限元数值模拟在裂缝预测中的应用[J]．特种油气藏，2005，12(2)：25～27.

[203]王奕．建南构造志留系应力场分析[J]．江汉石油科技，2008，18(4)：6～8.